CONTENTS

封面故事：
尼可拉斯與用Arduino控制
的3D列印仿生手。
（米格爾．特普勒攝影）

Special Section

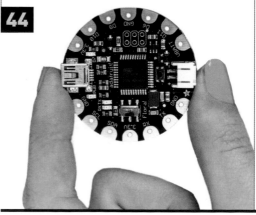

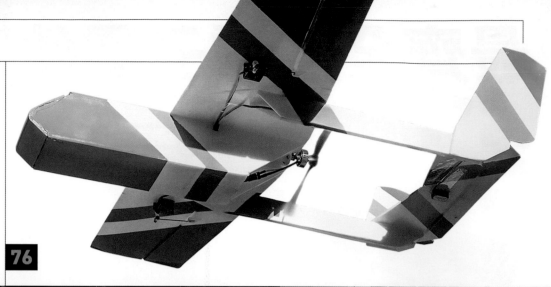

SKILL BUILDERS

76

66

104

88

ARM mbed™物聯網開發平台
實現IoT創新無限想像！

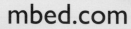

Make:

國家圖書館出版品預行編目資料

Make：國際中文版／MAKER MEDIA 編．
-- 初版 . -- 臺北市：泰電電業，2015.9　冊；公分
ISBN：978-986-405-013-0　（第19冊：平裝）
1. 生活科技
400　　　　　　　　　　　　　　　　104002320

EXECUTIVE CHAIRMAN
Dale Dougherty
dale@makezine.com

CEO
Gregg Brockway
gregg@makezine.com

*

CREATIVE DIRECTOR
Jason Babler
jbabler@makezine.com

*

EDITORIAL

EXECUTIVE EDITOR
Mike Senese
mike@makezine.com

COMMUNITY EDITOR
Caleb Kraft
caleb@makermedia.com

MANAGING EDITOR
Cindy Lum

PROJECTS EDITOR
Keith Hammond
khammond@makezine.com

SENIOR EDITOR
Greta Lorge

TECHNICAL EDITOR
David Scheltema

DIGITAL FABRICATION EDITOR
Anna Kaziunas France

EDITOR
Nathan Hurst

EDITORIAL ASSISTANT
Craig Couden

COPY EDITOR
Laurie Barton

PUBLISHER, BOOKS
Brian Jepson

EDITOR, BOOKS
Patrick DiJusto

LABS MANAGER
Marty Marfin

DESIGN, PHOTOGRAPHY & VIDEO

ART DIRECTOR
Juliann Brown

DESIGNER
Jim Burke

PHOTOGRAPHER
Hep Svadja

VIDEO PRODUCER
Tyler Winegarner

VIDEOGRAPHER
Nat Wilson-Heckathorn

WEBSITE

MANAGING DIRECTOR
Alice Hill

DIRECTOR OF ONLINE OPERATIONS
Clair Whitmer

SENIOR WEB DESIGNER
Josh Wright

WEB PRODUCERS
Bill Olson
David Beauchamp

SOFTWARE ENGINEER
Jay Zalowitz

國際中文版譯者

Madison： 2010年開始兼職筆譯生涯，專長領域是自然、科普與行銷。

Karine： 成大外文系畢業，專職影視和雜誌翻譯。視液體麵包為靈感來源，相信文字的力量，認為翻譯是一連串與世界的對話。

孟令函： 畢業於師大英語系，現就讀於師大翻譯所碩士班。喜歡音樂、電影、閱讀、閒晃，也喜歡跟三隻貓室友說話。

屠建明： 目前為全職譯者。身為愛丁堡大學的文學畢業生，深陷小説、戲劇的世界，但也曾主修電機，對任何科技新知都有濃烈的興趣。

張婉秦： 蘇格蘭史崔克萊大學國際行銷碩士，輔大影像傳播系學士，一直在媒體與行銷界打滾，喜歡學語言，對新奇的東西毫無抵抗能力。

曾吉弘： CAVEDU教育團隊專業講師（www.cavedu.com）。著有多本機器人程式設計專書。

黃涵君： 兼職中英日譯者，有口譯經驗，喜歡不同語言間的文字轉換過程。

劉允中： 臺灣人，臺灣大學心理學系研究生，興趣為語言與認知神經科學。喜歡旅行、閱讀、聽音樂、唱歌，現為兼職譯者。

謝孟璇： 畢業於政大教育系、臺師大英語所。曾任教育業，受文字召喚而投身筆譯與出版相關工作。

謝明珊： 臺灣大學政治系國際關係組碩士。專職翻譯雜誌、電影、電視，並樂在其中，深信人就是要做自己喜歡的事。

Make：國際中文版19
（Make：Volume 43）

編者：MAKER MEDIA
總編輯：周均健
副總編輯：顏妤安
執行主編：黃渝婷
編輯：劉盈孜
版面構成：陳佩娟
行銷總監：鍾珮婷
行銷企劃：洪卉君
出版：泰電電業股份有限公司
地址：臺北市中正區博愛路76號8樓
電話：（02）2381-1180
傳真：（02）2314-3621
劃撥帳號：1942-3543 泰電電業股份有限公司
網站：http://www.makezine.com.tw
總經銷：時報文化出版企業股份有限公司
電話：（02）2306-6842
地址：桃園縣龜山鄉萬壽路2段351號
印刷：時報文化出版企業股份有限公司
ISBN：978-986-405-013-0
2015年9月初版　定價260元

版權所有‧翻印必究（Printed in Taiwan）
◎本書如有缺頁、破損、裝訂錯誤，請寄回本公司更換

Vol.20 2015/11 預定發行

www.makezine.com.tw 更新中！

下列網址提供本書之注釋、勘誤表與訂正等資訊。 makezine.com.tw/magazine-collate.html

自造者世代的知識饗宴

在崛起的自造者世代中，《Make》與《科學人》提供理論與實作的結合，讓知識實際展現，用手作印證理論！

《科學人》一年**12**期

《Make》國際中文版一年**6**期

訂購優惠價2,590元（原價4,200元）

加贈《科學人雜誌知識庫》中英對照版

啟發夢想的實驗室白袍 譯：謝孟璇
A Lab Coat that Got Her Dreaming

身為自造者，塔娜雅・賀斯特（Tenaya Hurst）可說是全都豁出去了。她擁有銷售電子零件的個人網站；鮮明的個性在她自製並主演的《我自造到不行》（I'm So Maker）饒舌影片裡一覽無遺。她經營個人推特帳號@arduinowoman，也為多個夏令營與自造空間開設工作坊，大人小孩都教。她把自己的事業取名為「淘氣自造」（Rogue Making），同時是Linino製造公司的最佳宣傳者；就是因為Linino的關係，她才有機會踏入Maker Faire。塔娜雅認為自己一直以來都是自造者，只是自己不知道。她回想自己發現電子學新大陸的那一天。那是2013年3月16日，還在加州聖荷西創新科技博物館（Tech Museum of Innovation）裡擔任實驗室老師的她，受邀成為Open Make座談裡的引言人。

她的同事羅米・利妥（Romie Littrell）打造了一件可導電、像樂器一樣的實驗室白袍，單憑觸摸就能「演奏」。他說他在白袍口袋裡設置了Arduino，使用導電織布做為感測器。「一旦與某人握手，而電路板一接地，你就能觸碰墊子開始『演奏』。」塔娜雅說。「你能製造出各種聲音。」這件實驗室白袍給了她很大的啟示，讓她見識到穿戴科技的世界。「我眼界整個大開，」她說，「這些織布能像鍵盤一樣演奏耶，太令人興奮了。」這件實驗室白袍帶她從此踏上自造的旅程，甚至成為年輕自造者的榜樣。

活動結束後，塔娜雅為了接觸更多與Arduino有關的知識，四處請教人。她參加由Make: SF主辦的工作坊，從Bliplace——一個大小如硬幣、配有感測器與LED照明、對周遭聲響有反應的微控制器——項目裡學會焊接。她開始製作自己的項鍊與耳環，並在平日的公開場合戴在身上。不這麼做，就無法啟動人們對穿戴裝置的討論。「這能引發大家思考。」塔娜雅說。這才是時尚真正的力量；而且讓人驚訝的一點是，穿戴裝置還會使人們想與你互動。此外她對教學也充滿熱忱；她坦承，其實在一知半解的狀況下，她就已

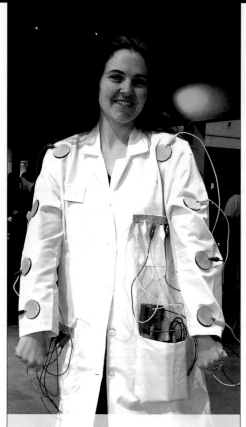

「我想讓大家了解，嘗試做一些實驗後，你自然會知道自己真正想做的是什麼。」

經開始一頭熱地教導其他人電子學。「我想讓大家了解，嘗試做一些實驗後，你自然會知道自己真正想做的是什麼。」她說。「然後你就會開始想像屬於自己的穿戴裝置。」

塔娜雅對電子學的興趣多過於時尚。「我希望把電子裝置加到現有的服裝上。」她說，並提及她與LilyPad Arduino團隊的合作。「我喜歡打造能與人互動的東西。」

她的目標之一，就是號召更多的女孩前來體會自造的樂趣，並為她們未來的科技生涯作準備。英特爾（Intel）最近一則研究報告中，新創了一個很棒的字，叫「MakeHers」（intel.ly/makehers）；他們以十幾二十歲的女孩為調查目標，發現過去一年內，¼的人曾運用科技製作出成品，10個裡頭有7個會想繼續學習以電子學打造物件的知識。

這份報告指出，女孩與女性自造者（比起男性）更容易透過不同路徑探求自造方法，尤其在自造過程中，傾向運用個人人脈資源。報告並加註，「自造、設計，同時以電子工具創造物件的女孩，會在電腦科技與工程領域裡，發展出更深厚的興趣與技巧。」這份報告給家長與學校的其中一則建議，是「應支持個人化的自造企劃，且根據自造者本身的認同與興趣——無論是講求美感、為了好玩，或者為了助人——來發展。」英特爾報告主持人蕾妮・維特麥爾（Renee Wittemyer）告訴我：「雖然這份報告主要觀察對象是女孩與女性自造者，但裡頭多數的建議適用於所有人，希望鼓勵更多人來參與，增加自造者的多樣性。也就是說，不只有女孩與女人能因自造而獲得啟發，另外一些對『為技術而技術』無感的少數族群、男孩與男性，也同樣能有所獲益。基於個人興趣的自造，等於開啟了另一條通往電腦科技與工程的康莊大道。」

我們亟需更多的導師和指路人，男女都好，幫助孩子們發展夢想中的企劃；不只分享技能而已，還要能展現如塔娜雅般的精神，把對自造的熱情散播出去。安瑪麗・湯瑪斯（AnnMarie Thomas）在她的著作《培養自造者》（Making Makers）裡，給父母的建議也是如此，她寫道：「無論你為何喜愛自造，一定要讓你的孩子從生活中看見你對自造的熱情。」因為那股熱情恰是夢想的材料之一。⊘

戴爾・多爾蒂
Maker Media 的創辦人兼執行長。

Romie Littrell

祥儀機器人夢工廠
全台唯一經濟部認證 機器人優良觀光工廠

【體驗機器人鋼鐵擂台】+【搭乘最夯導覽型機器人】+【全台唯一會動的鋼鐵人】+【美國軍方御用救難型機器人實地演練】
全館高達三十多種機器人類型，祥儀機器人夢工廠邀請您一同互動體驗！

【參觀方式】

週二至週五採預約制/六日採固定時段(10:00、13:00、14:00、15:00、16:00)導覽
祥儀機器人夢工廠 地址：桃園市桃園區桃鶯路461號 / 洽詢專線：(03)3623452

粉絲團　　　　官方網站

返鄉生產
Bring the Bids Back Home

創業者該考慮本土製造的原因與方法。 文：艾力克斯‧法麥爾 譯：謝孟璇

製造業能再動起來的感覺很棒。有些產品的誕生，像是Pebble watch智慧手錶、MakerBot 3D印表機與Nest Thermostat智能溫度控制器，大幅激發了整個消費世界的想像。新平臺的出現，諸如 Arduino 和 Raspberry Pi，也簡化了把硬體概念製作成產品原型的過程，而且，有愈來愈多公司願意在美國本土做這些事。

世上最讓人期待的公司之一，特斯拉電動車（Tesla Motors），就是最具代表性的例子。特斯拉其中一項驚人的特質就是垂直整合能力，他們在加州費利蒙的製造工廠應有盡有，有生產團隊、工程師與設計師。雖然對傳統製造業而言，這種作法是常有的事，但從1970年代末期外包風潮開始後，設計師、任何小零件製造商的工作，卻常被發包到距離——無論是地理上或文化上——愈來愈遠的外地去；最近，「在地設計、在地製造」的現象卻開始增加。

自從經濟大蕭條以來，業界對製造的看法經歷了重大的改變，而現今，愈來愈多人選擇再次回到國內製造。然而對製造業興趣回流的同時，卻也產生不少負面的副作用，例如，許多企業家由於先前沒有製造經驗，總對製造過程與它可能有的複雜度做出太多預設。表面上看起來很容易，畢竟美國超大型購物中心沃爾瑪（WalMart）與百思買（Best Buy）總是擠滿了塑膠玩具、消費者電子產品與任何你想像得到的裝置。但是，提供運送區域代碼與真的著手運送實體產品這兩件事的差距，可能會讓企業家們感到驚訝。

那麼，新創硬體公司要如何從美國製造業復甦中獲益呢？2012年初期，我與共同創辦人成立了「光束科技」（Beam Technologies，為製造智能牙刷的公司）；但在這之前，我們不曾發展或大量製造過任何產品。我們犯了數也數不清的錯，從過程中大量學習。也許，最重要的事情是，我們了解到應該以特斯拉電動車公司為榜樣——就算我們的產品不如一輛汽車那般複雜，也可以讓垂直整合的模式成為我們的優勢。我們決定把整個供應鍊拉到離辦公室幾日車程可達的範圍內，這麼做對我們與供應商都有立即的好處，好比說：

- **控管內部質量。**我們的員工不再需要眼巴巴地苦等零件從好幾千英哩外的地方運過來，而能即時做好品質控管。企業家也能直接向工廠專家請益；許多製造時的微調其實成本低廉，但零件從產品線上出來時，其一致性與品質都會獲得大幅改善。能親眼看見並且比較草圖與原型，也得以解決一個最簡單的，但曾讓我們第一支智能牙刷災難一場的問題，那就是零件尺寸是否相應。

- **調整上市速度。**任何新創公司都會經歷成長不規律且麻煩棘手的早期階段。零件、模型、包裝上的修改，都是無可避免的。當你的供應商與你處在同個時區，他就能快速回應你的需求；這可能是為什麼有些企業能見風轉舵進而快速成長，而有的企業會一塌糊塗的原因。

- **建立更好的關係。**親自與製造商開會，他們會對你的產品更熟悉、更有參與感。一旦消費型零件產出了，也是開慶功宴的好時機。而一旦任一邊事情出了差錯，也比較容易保持相互信任的態度。這也可能降低前期成本、減少延遲付款，或其他付費機制產生的問題，讓財政問題較好處理。這讓製造商更願意與你合作，而不是把機器的時間撥給更有聲望的公司。

即使是最沒經驗的創業者，也能從經驗豐富的製造商與工具專家身上，學到如何更有效率打造產品。如果開發商與產品製造者兩方能直接互動，那麼這些好品質、好溝通、高速率的優勢，最終將能協助你，為公司以及你的客戶，生產出更好的產品。

艾力克斯‧法麥爾
Alex Frommeyer
是光束科技（Beam Technologies）的共同創辦人及執行總裁，以及喧囂實驗室（Uproar Labs）這間物聯網研發公司的執行總裁。艾力克斯對物聯網、數位健康產品、數據科學、自造活動、創投事業等項目都非常投入。

Samantha Lucy

跟著 InnoRacer™2S
去旅行吧！

關於速度的競逐，你需要32位元 Cortex M3核心晶片，完備的速度控制程式庫、高轉速的直流馬達、6軸姿態感測器、良好抓地力的矽膠輪胎、以及充滿電力的11.1V鋰聚電池。還有一杯咖啡，釋放你對速度追求的熱情與品味！

利基應用科技股份有限公司
www.innovati.com.tw

史上最糟自造者
The Worst Maker in the Room

與其花時間計劃，不如花時間製作。 文：漢斯・格海爾德・邁爾 譯：謝孟璇

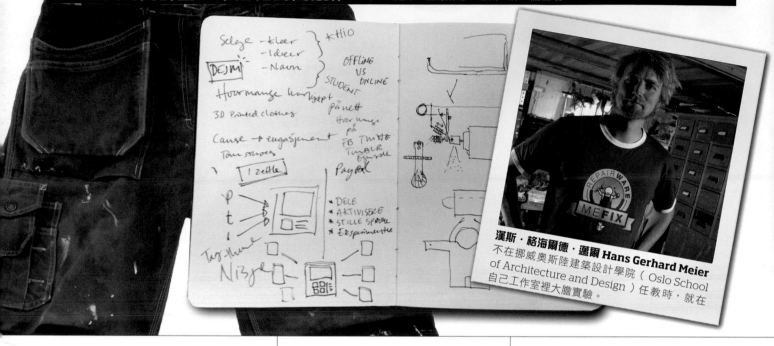

漢斯・格海爾德・邁爾 Hans Gerhard Meier
不在挪威奧斯陸建築設計學院（Oslo School of Architecture and Design）任教時，就在自己工作室裡大膽實驗。

我天生就有一件事情要做兩次的習性。 我爸做什麼都很急，只有我媽能要他重做一次，並且做得比第一次更好、更細膩。我自己試過自造而且失敗的項目，已經能寫成一張長長的名單，有些實驗還把我跟我太太兩人嚇得半死。

專題的新構想是隨時隨地可能浮現的。我會先用筆記本記個大概下來。每個專題的起頭，就是潦草地寫下可能的進行方式。我規定自己不要寫得太詳細，因為我寧可儘快開始測試與製作，而不是一直在計劃階段。最好在想法进出火花的當下，就立即行動，因此擬出草圖到實際操作的這段時間，要愈短愈好。這種作法免不了導致錯誤與失敗，但這都是過程的一部分。繪圖版上太過詳盡的計劃，只會變成起步的阻礙，所以我寧可嘗試、跌倒、再嘗試。錯誤從來不會使我退卻，反而是我克服問題的動力，讓我獲得最立即的經驗。有時候有些人會試著勸退我，建議我不要採用某種方法，但我總是跟小孩一樣執拗，覺得要先試過再說。我非常喜歡親自了解到底哪裡出了錯，然後重來一次。若我終於做對了，就能成為更高明的自造者，繼而挑戰下個階段。

以天真的態度執行新的專題，我就能不斷地精進自造方法。從做中學是非常棒的心法，因無數的失敗將帶你走往成功。有個週末我太太不在家，我決定自己開始製作一把可摺疊、供閣樓用的梯子。我很快地記下材料後，就開始動手做。鉸鏈和閂鎖是這個工事不可或缺的部分。我花了幾個小時組裝、終於把梯子搭到天花板上後，便開始試著一小步一小步爬上去。沒想到梯子卻垮了，我整個人摔到地上。還好當時我只爬到一半高度而已。幾個小時過去，我背上的痠痛、受挫的自造精神，在那天結束後已逐漸復原了；最後我依然因為失敗而感到喜悅。因為這椿失敗讓我體會到，原來近75公斤的重量壓在摺疊梯上，會出現怎樣的影響。現在我們家裡有一座梯子，只是不是摺疊的。它不比我最初想的厲害，但至少讓我能活著上下閣樓。

「擬出草圖到實際操作的這段時間，要愈短愈好。」

另一則我常複述的心法是量等於質。自造得愈多，愈有可能有好成果。我有幾個裝滿速寫筆記本的箱子，就是要驗證這種哲學；筆記本上頭記滿了愚蠢、瘋狂又無用的點子，但一旦哪天其中兩個構想結合了，說不定能得出精采的成果。

我很喜歡分享自己犯的錯誤，無論錯誤是剛出現還是已經排除，我都覺得沾沾自喜。棘手的災難與重新製作的經驗也能開啟豐富的討論，你會發現有人站出來相互幫忙、提供建議，分享他們的過失與差池。一個偉大的錯誤代表你的目標夠高，而透過分享你也最有可能獲得成功。

這些年來我累積了一大票一敗塗地的專題，但我每一個都喜歡。我甚至為這些難以形容的失敗專題想出一些新名字，一部分是為了向太太交代為什麼我要用好幾個小時做一枝電動清耳棒。每當朋友與家人問我為什麼要做這些東西，我認為最好的回答就是「因為我想做」。也是這樣，我才會把「Hvor」（為什麼）和「fordi」（所以）結合在一起，造了「Hvorfordi」（挪威語）這個字，意思就是「因為如此」。這與你想做什麼無關——甚至與你是否擅長也無關——你只要動手做就夠了。這是全然為自造而自造。我在舊金山藝術大學（San Francisco's Academy of Art college）念的一堂印刷設計課被當的時候，老師曾經對我說了一句話，至今我仍奉行不悖：「想一想，動手做，然後繼續下去。」哪天我要把這句話刺青在身上。●

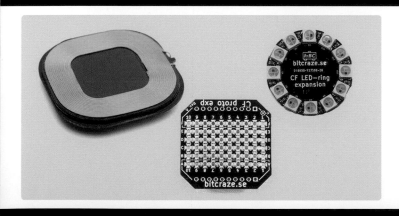

MADE ON EARTH

綜合報導全球各地精采的DIY作品

跟我們分享你知道的精采的作品
editor@makezine.com.tw

譯：黃涵君

積木動物園

有許多方式可以讓你家的花園變得更有活力，像是一張長凳、一個有品味的小鳥戲水盆、一個能抵擋風雨的花園地精雕像。

或是一個和 NBA 選手等身大小，由 45,143 個樂高積木組成的野牛像。

藝術家尚·肯尼（Sean Kenney）正在美國各地的植物園、花園和動物園中進行他的巡迴個展「自然的連結」（Nature Connects）。個展中展出的巨大狐狸、青蛙、蝴蝶和蜜蜂，全部都是使用樂高積木製作而成。

「積木雕塑不像一般傳統的雕塑，只要雕刻出形狀或是在表面上增添材料塑型就好。」肯尼解釋道：「當你在建構的過程中，必須要能夠超前思考到完成後的整體造型。」這位藝術家想表達出他與大自然的連結（他也單純的愛樂高，至今已寫了7本關於樂高的童書）。

這群塑膠動物將會巡迴橫跨整個美國，從2012年的春天一直持續到2019年，它們會成群結隊地出現在舊金山、亞特蘭大、鹽湖城和聖安東尼奧等城市。

——布萊恩·勒夫金

魔幻音樂多面體

FACEBOOK.COM/CELESTIALMATHGIC

當數學家喬治・哈特（George Hart）創造出直徑11"的十二面體雕塑「Frabjous」時，可能從未想過這個十二面體將會激發一群位於德州奧斯汀、由莉莉亞・皮柏（Lliya Pieper）所帶領的自造者創造出一個直徑10英呎、可與觀眾互動的音樂十二面體。為了歌頌數學內在的美麗，這個十二面體命名為「魔數天空大教堂」（The Cathedral of Celestial Mathgic）。這個超大的十二面體放在一個50英呎寬、由5個蓮花花瓣形狀拱門圍繞而成的五角形構造中。

這個作品歡迎所有參觀的人與其互動，讓感測器經由Arduino去控制燈光和音效。「魔數天空大教堂」已參與過燃燒人節（Burning Man）、Art Outside和西南偏南（SXSW）幾個大型藝術節。皮柏表示，她甚至親眼目睹一大群人精心安排讓每個感測器都同時被觸發。

「魔數天空大教堂」的製作核心團隊大約有8個人（加上朋友），耗費大約9個月的時間將概念變成實體，包含撰寫申請研究經費的計劃書。「親眼看到這件作品能夠影響如此多人真令人難以置信，」皮柏說：「我從來不覺得我能想像的到。」

—戈里・穆罕默迪

真菌基底 PHILROSS.ORG

　　菲爾·羅斯（Phil Ross）勉強可稱上是一位菇類藝術家及工程師，他認為未來的科技註定會由真菌構成。他說：「一臺活生生的電腦聽起來很瘋狂，但如今達成的可能性也很高。」

　　羅斯從90年代就開始做菇類的實驗，當時他對菇類的藥用性能及健康療效感興趣。當他發現菇類可以無限再生，且可以順應環境的形狀和條件時，這位藝術家便開始夢想著用菇類做出更多形式複雜的東西。

　　羅斯說，菇類是一種「會自行分解的有機物質」，可以將其用來製作人類在地球上，甚至是太空中居住的場所。他正在舊金山的海邊用菇類建造一棟大樓的原型，作為如何用菇類當建材的實證。

　　「當我們建造完成後，可以直接將這棟大樓推進海灣，」羅斯說：「菇類改變了與汙染有關的政策和美學。」

　　—蘿拉·雷娜·默里

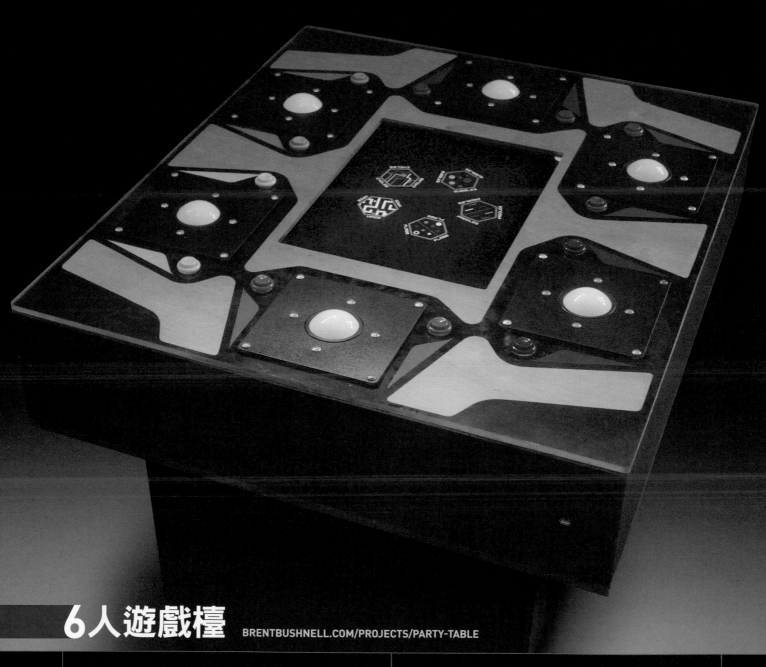

6人遊戲檯 BRENTBUSHNELL.COM/PROJECTS/PARTY-TABLE

大家都聚集在特別設計給6個人同時玩的「6人遊戲檯」（Hexacade）旁，這個「6人遊戲檯」是由娛樂設計公司「雙位元馬戲團」（Two Bit Circus）的創辦人布倫特·布希內爾（Brent Bushnell）和艾瑞克·格德曼（Eric Gradman）所製作，為了能讓來派對的人們經由遊戲而認識不同的新朋友。「參加活動的人大部分都是2到4人一起參加，」布希內爾說，「6這個特別的數字可以保證你一定會認識某個新的人。」

機檯的外框最初是由木頭打造，之後改成用回收再利用的鋁製盒子來裝電線。遊戲程式則是使用以Python編寫的Intel NCU迷你電腦來運作。遊戲包含了乒乓、彈珠遊戲，以及類似《創：光速戰記》的光輪體驗。遊戲控制器四周的黑膠皮是用雷射切割機雕刻，外殼則是用CNC切割機切割；最上面用透明壓克力板當作保護層，而底部裝有輪子——雙位元馬戲團做了數個遊戲檯，有活動時就將它們推出去，平時就收在倉庫中。

——馬修·特佐普

Two Bit Circus

鋼鐵之心

**MAKEZINE.COM/
STEAMPUNK-ROBOT**

蠻力工作室（Brute Force Studio）的湯瑪斯・威爾佛（Thomas Willeford）堪稱是蒸汽龐克製作者的鉅頭。當蒸汽龐克世界博覽會的發起人傑夫・馬赫（Jeff Mach）想要一個巨大的機器人時，他便邀請了威爾佛來製作。

這個超過15英呎高、超過1,000磅重的機器人是用¾" 的膠合板打造，再覆蓋上一層纖維板，最後再用傢俱釘子固定並塗裝成金屬鉚釘。雖然這機器人不能載人，但是軀幹內部可容納一個人。肩膀、手肘和手腕都可調整姿勢。這個作品總共花費了45個12小時的工作天，由17個人同心協力所完成。

「我希望將這個機器人當作是蒸汽龐克的創意表徵。」馬赫說。他同時希望能喚起蒸汽龐克社群對於癌症的意識。機器人身上有個獻給「鋼鐵之心」的小區額，上面羅列著包含CJ・韓德森（CJ Henderson）這位最近因癌症逝世的蒸汽龐克文學作家和編輯。

——安德魯・特拉諾瓦

WIRES&
THREAD
穿戴式電子裝置

近一年來電子零件體積開始縮小、電力需求下降、性能增加、運算速度提升、介面設定也更多樣化了。現今的微控制器與微型電腦的功能已大幅超越以往,使得我們能夠將其應用在幾乎所有的專題上,而最近一些最火熱的專題是來自穿戴式裝置。

到底什麼是穿戴式裝置呢?有些人說是「可穿戴的電子設備」,另一部分的人說是「穿戴式運算」,但我們認為它的範圍其實更大。穿戴式科技可以是將先進的電子感測器與顯示器結合成日常衣物,像是 lo Flament 的讀心毛帽(第 64 頁)、強納森·庫克(Jonathan Cook)的開放原始碼智慧手錶(第 58 頁),也可以是深具未來感的皮下穿戴式裝置專題(第 55 頁),以及奇亞·西摩(Keahi Seymour)的仿生靴機構(第 46 頁)。

接下來我們將帶領你深入了解這些以及其他更多範例。但首先先讓我們為你分析一些擁有先進的無線通訊協定的電子原型開發板,它們比以往更小,功能卻更強大。現在就來看看有哪些開發板值得關注吧!

多樣化的控制板

文：艾拉斯岱爾·艾倫　譯：編輯部

A SMORGAS-BOARD

穿戴式裝置與物聯網興起引發了微控制板多元化的發展趨勢。

Hep Svadja

80年代，眾家廠商搭載各種CPU的個人電腦蜂湧而出。假如你的年紀夠大，可能還記得當初的盛況，現在微控制板的市場情形跟那時很像。這一年半中出現許多新型的控制板，而且短期內這波潮流並沒有消退的跡象。但微控制板並不是個人電腦，掀起變革的力道也天差地遠。所以我們沒必要犧牲現在的多樣性來統一規格，實際上，這個市場會因此變得愈來愈有趣。

平民的身分

新推出的控制板幾乎都會在短短幾個月內消失無蹤。要說剩下的電路板有什麼與眾不同之處，那就是這些控制板抓住了社群。目前有Arduino和Raspberry Pi這兩個龐大的社群。即使有其他的控制板很有趣，也在市場中爭得一席之地，然而在微控制板和單板電腦的世界中，還是由這兩大龍頭獨領風騷。

從一無所有開始建立社群是很困難的。因此，新控制板的製造商慣用的行銷手法是纂奪既有的社群，或是打進不侷限於特定控制板的社群當中。新型控制板的製造商多半會遵循後者的方法，例如，跟網頁開發者搭上線，而不是傳統上的自造者。

或許這件事令人驚訝，但Node.js和Javascript的社群已有改造硬體的歷史。不過隨著能夠執行Javascript的Tessel和Espruino的出現，開發者就能用自己熟悉的語言改造硬體了。

然而，這種社群與在Arduino和Raspberry Pi環境下成長的社群不同，凝聚力不在於控制板，而是程式語言。照理說來，替第三種社群奠定基礎的並不是特定的控制板，還有其他控制板介入的餘地，Javascript的使用方法也不見得只有一種。

BeagleBone Black似乎是Raspberry Pi最強勁的對手，但很少人知道其中包含Cloud9的開發系統與獨創的Node.js函式庫。Bone Script特別針對

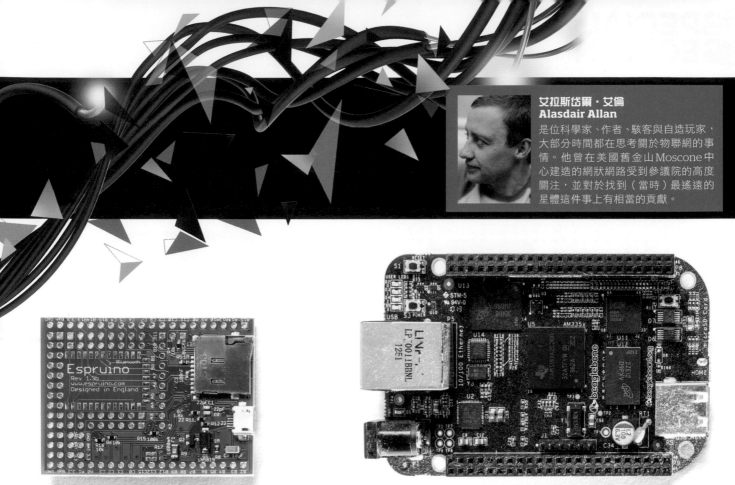

艾拉斯岱爾·艾倫
Alasdair Allan

是位科學家、作者、駭客與自造玩家，大部分時間都在思考關於物聯網的事情。他曾在美國舊金山Moscone中心建造的網狀網路受到參議院的高度關注，並對於找到（當時）最遙遠的星體這件事上有相當的貢獻。

ESPRUINO

BEAGLEBONE BLACK

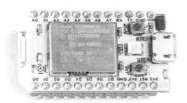

SPARKCORE (WITH CC3000)

SPARK.IO PHOTON

LIGHT BLUE BEAN

Beagle系列產品，以及常用的Arduino函數呼叫進行優化。同樣情況，WeIO與其他以Linux為基礎的控制板，也開始支援以JavaScript為基礎的開發環境。

無線通訊無所不在

長期以來，要讓Arduino連結網路是十分困難，換成無線網路之後就更困難了。在我看來，這就是為何Raspberry Pi和Digi的XBee會得到自造者的青睞。

當新一代無線通訊大有可為，尤其是德州儀器公司的CC3000出現在市場上之後，情況已經徹底改變。無線通訊不只是變簡單了，新型電路板還多半內建無線通訊功能，以低功耗藍牙或Wi-Fi為主。

Light Blue Bean和Spark.io Photon就是很好的例子。據我所知，Light Blue Bean是唯一透過低功耗藍牙的上傳程式碼的Arduino電路板。而新型的Spark.io Photon電路板為郵票大小，內建Wi-Fi。這兩種電路板的價格在20美元以下，想必會成為次世代網路功能微控制器電路板的象徵。

穿戴式裝置和物聯網

微控制器市場可能不會走向統一規格的原因之一，就在於控制板並非通用型電腦。微控制器會用來控制各種裝置，使用目的並不單一。因此，以後應該也會出現各種結構和外型不同的控制器。

現在穿戴式裝置和物聯網（IoT）正在開拓微控制器的版圖。這兩種趨勢大幅影響微控制器的設計。控制器將會變得更小、更有效率，並內建無線功能。尤其是穿戴式裝置，沒辦法從插座中取得電源。這種潮流可以從出現在Kickstarter和其他集資平臺的新一代控制板中看出來。比方像是MetaWear和MicroView。當然，Light Blue Bean也是其中之一。

ESP8266系列收發器模組就是能看出這種潮流的好例子。這個小型模組只要5美元，原本製造的目的是要以便宜的方式輕

MICROVIEW

EDISON

CLOUDBIT

鬆將產品連接到網路上。但在加上社群開發的GCC SDK之後，ESP8266本身就會變成微控制器，對物聯網來說是相當便宜的平臺。

從自造者邁向專業自造者

或許各位曾在別的地方看到，微控制器並非自造者運動之下的產物，而是由龐大與遙不可及的大型企業製造而成。業界就是喜歡表面黏著型零件和400頁艱澀難懂的說明書。從去年起還出現有趣的發展，業界也開始關心自造者的世界中所發生的事，而自造者也注意到這一點。

徵兆就在於出現將兩種方針在中間匯聚為一的場所。自造者的世界有Raspberry Pi，製造這種單板電腦是為了將腦袋中的創意放進市售的產品裡。工業界則有英特爾的Edison，這也肩負完全相同的使命。

從自造者社群中誕生，內建計算模組的OTTO相機已經包裝成商品。Edison想必也會在推廣的過程中發生同樣的情況。

無須設計程式

另一方面，類似littleBits的產品實際上是不需要設計程式的。儘管這種系統乍看之下很像玩具，如今卻變得威力驚人，甚至還有幾家大公司將它用來製作原型，藉此將開發產品的構想實體化。

Arduino bit，說得更明白一點，由於cloudBit的出現，能夠運用網路連接到大多數的裝置上，使得系統變得更簡單，靈活度大幅提升。透過以自訂位元開發為市場的bitLab，將系統開放給一般的自造者以及想要增加獨特功能的專業自造者。

相似於bitLab，也出現了SAM實驗室的藍牙低功率連結系統（Kickstarter募資），以及Relayr的Wunder Bar物聯網入門套件。你可能會猜想他們是否發展猛烈，但littleBits提前幾年發展的先行優勢，在凝聚的社群中仍占有很大的優勢。

Arduino 與 Pi 的未來發展

由於龐大的社群非常習慣運用現在的硬體與軟體架構，Arduino和Raspberry Pi基金會並沒有太大改變現有板子的空間。話雖如此，但這個市場的兩大龍頭並不是一直都沒有改變。

最近即將發售的Arduino Zero採用ARM處理器，目的就是要取代Uno和Leonardo，將整套功能移植到32位元平臺上。除此之外，有鑒於下一代Arduino相容控制板（例如Apollo電路板）將會百花齊放，Arduino則是以Arduino at Heart計劃管理。

Raspberry Pi基金會也推出Model A+和B+，意圖取代原本的Model A和Model B。從發售第一代的Pi以來，基金會在這兩年中收到許多針對裝配問題的抱怨，然而Pi還是獲得巨大的成功。新型控制板在製造時會加以改良，以免再受到這樣的批評。

除了這兩種Model，我們還可以期待Raspberry Pi基金會推出更專業化的控制板。但在基金會投入Pi的擴充板HAT的開發計劃之後，Pi的尺寸規格似乎會暫時固定不變。

ARDUINO ZERO

RASPBERRY PI B+

APOLLO

現在的處境為何？

我認為往後6個月控制板在市場流通的趨勢會跟過去的12個月類似。人們不斷設計出新的控制板設計的現象將會延續下去，也會出現更多新型的控制板。儘管許多新型控制板會在出現的同時迅速消失，然而在超越過渡期後，市場就會穩定下來。

短期之內，控制板小型化和內建無線功能的趨勢仍將繼續。像是 Espruino 就要在短期內發售 Pico。雖然我很想知道，就算有了 Arduino 這個先例，這些小控制板能不能有多樣性的發展，或許在某塊控制板出現後，會創造出與穿戴式裝置相關的第四種社群也說不定。◙

INTEL EDISON: 快速產生設計原型
RAPID PROTOTYPE

這款嶄新的電腦而體積小巧、功能強大，而它的背後竟然藏著自造者的故事！

文：大衛·史爾特碼　譯：劉允中

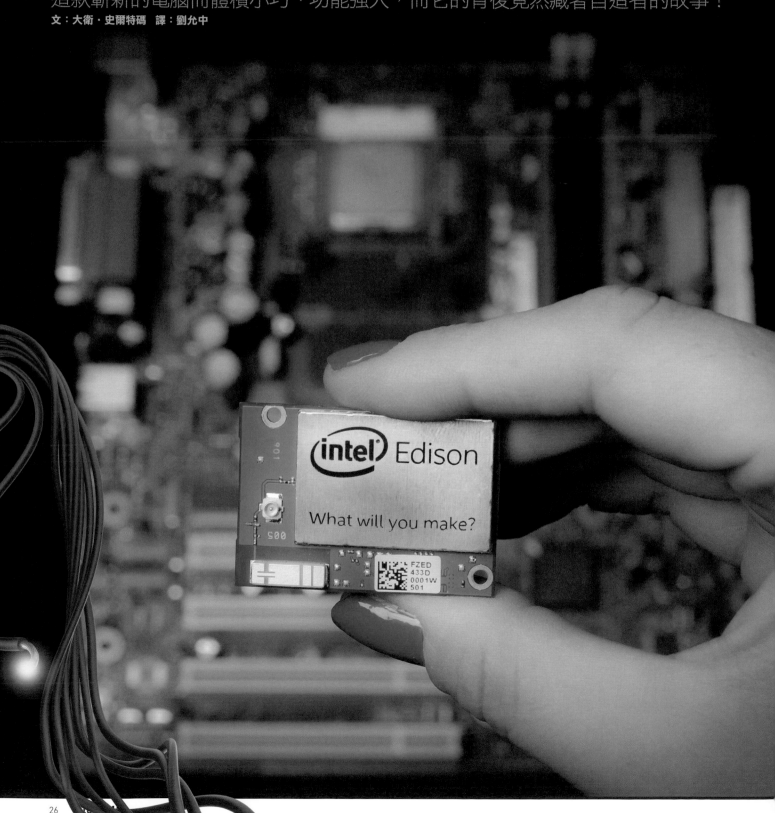

在拉斯維加斯舉辦的2014美國消費電子展上，Intel的執行長布萊恩·科再奇（Brian Krzanich）站在巨幅的藍色螢幕前，向在場的觀眾展示Intel公司正在進行合作計劃的新產品——智慧型手錶與耳機。科再奇把展示做個結尾後，立刻把手伸進口袋裡，拿出了一個像是SD卡的東西。

當科再奇表示，這個東西其實是一臺Pentium等級的完整電腦，包含Wi-Fi、藍牙和其他功能，電子展會場的攝影機立刻穩穩地將焦點放在科再奇手指之間的小板子上。他說，這個新設計的目的在於幫助人們奠基於這個微型電腦之上，更快速地創造更多功能強大的產品，所以，他們把這塊板子稱為愛迪生（Edison）。

臺下的聽眾為之瘋狂，這款微型電腦成為電子展的耀眼巨星。這個產品的誕生在表面上看起來，就跟其他許多消費性電子產品一樣亮眼，不過，在這塊小小的電路板之下，藏著自造者運動的印記。

故事發生在2013年，Intel在奧勒岡州的波特蘭所舉辦的科技雙年展Intel TechFest中，這其實是Intel內部資深工程師的一場研討會。其中，一個位於中國的Intel實驗室（由陳新中（Sun Chan）帶領）發表了一個郵票大小的微控制器，取名為普及型Intel結構（Pervasive Intel Architecture，PIA），這個產品可說是為自造者帶來了無限的可能性。

麥可·麥庫爾（Michael McCool）是一位軟體工程師，同時也是Intel的主任級工程師。他對功能強大的小型晶片很有興趣，麥庫爾他在Maker Faire上非常活躍，展示過許多專題，他與陳新中的團隊取得了聯繫，並擔任這個開發計劃的顧問角色，在硬體設計上提供他的專業知識與構想。

在接下來的日子裡，這個國際團隊就繼續努力開發產品，過了沒多久，Intel的執行長科再奇也注意到這個計劃，並對其表示支持。「我們在中國的一個研發團隊知道我也是自造者，且對於自造者運動很有興趣，所以他們向我展示了他們的構想。」科再奇表示，「我聽完之後，馬上看出這個構想的前景。」他指的是多功能研發套件、網路社群資源等。

科再奇給了這個開發計劃一個截止日期，PIA團隊必須要在2014年美國的消費性電子商品展上面展現成果，而時間只剩下3個月了！

麥庫爾表示，其中一個重大困難在於將電路板從概念原型轉化為實際的產品，PIA的團隊希望將產品大小維持在一張SD卡的尺寸，「問題在於，他們找不到一個耐受性足夠的外殼可以使用，但現成的記憶卡又都不適合。」

在自造者精神的引導之下，麥庫爾透過硬模澆鑄來解決這個問題，將這個卡片大小的電腦嵌入環氧樹酯外殼當中。這一切都是毫不起眼的的空間中完成的，跟Intel廣告上那些光鮮亮麗的房間完全沒有關係。「這些模子的專家都在日本筑波市的Intel分部工作，不過最後一步的封裝和澆鑄是在我家廚房桌子上完成的。」他笑著說。

但是，即使有了特製的鑄模，問題依舊存在。舉例來說，他發現電路板固定用的矽膠再澆鑄的時候會造成阻礙，「要讓樹脂均勻地流到我們做出來的電路板周圍，將電路板包覆起來真的是一項大挑戰！」經過多次嘗試之後，麥庫爾發現先用溫水將樹脂加熱之後，黏性會大為降低。

而當整個團隊為了2014消費性電子展上全力衝刺的時候，其他團隊則一邊試著讓Edison從實驗室的產品概念轉為可以量產的消費性產品，尋找有興趣將這個微電腦納入新產品的公司支持。

這個時候，新型儀器團隊（New Device Group）創新平臺製程主管艾德·羅斯（Ed Ross）發現了一家在波士頓的新創公司，叫做Rest Devices。他們的專長是快速產品成型，這間公司就接下了這項任務，在一個月之內達成，使得克森尼奇得以在消費電子展上展示可以同步掌控嬰兒活動的連身衣「MiMo」，這項產品裡面就裝了Edison來控制感測器與輸入/輸出裝置。

在美國消費性電子展亮相之後，PIA團隊繼續改良Edison的設計，捨棄原本的Quark處理器，將核心換成更有效率的Atom，並加入原本環氧樹酯外殼沒有的無線電屏蔽功能。最後，這些升級措施使得電路板尺寸變大，但也還只有1.4"×1"而已！最後Intel在2014年9月正式發表這項產品，從科再奇點頭開始算起，也不過才11個月而已！ ⊘

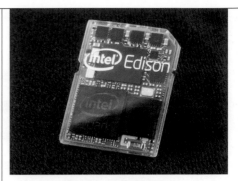

Intel Edison 環氧樹酯外殼的設計原型。

2013 年 12 月 PIA 研發團隊合影。

使用矽膠模組進行 Edison 封裝，將表面磨光之後，就可以看到內部構造了。

Rest Devices 公司推出的 Mimo 智慧型寶寶管家，在 2014 年消費性電子商品展中與 Intel 一同亮相！

PHOTOGRAPHIC MEMORY

文：史黛芬妮·莫耶爾曼
譯：劉允中

圖像記憶

史黛芬妮·莫耶爾曼
Stephanie Moyerman

目前任職於 Intel 新型儀器團隊（New Devices Group）智慧型裝置研發小組（Smart Device Innovation Team）。

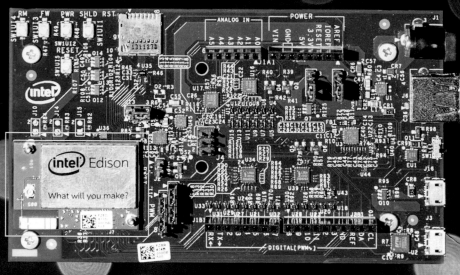

Hep Svadja

讓 Intel Edison微型電腦透過OpenCV進行臉孔辨識。

　　電腦的圖像處理需要耗費許多處理器資源，好在，有了雙核心Atom 處理器之後，效能大幅提升。Edison這款微型電腦擁有客製化的Linux圖像處理功能，不過，我們還需要幾個軟體套件和一些程式碼才能使用OpenCV。畢竟，OpenCV才是比較普遍可以進行臉孔辨識的電腦圖像處理軟體。

1. Edison 韌體更新

　　首先，請依據Intel說明文件網頁（makezine.com/go/flashing-edison）上的訊息更新韌體。然後執行Edison的設定程式碼：

```
configure_edison --setup
```

　　接著，請跟著彈出式視窗來設定主機名稱、密碼與無線網路。

2. 將 SSH 程式指向 Edison

　　如果你用的是Windows作業系統，請下載並安裝Putty軟體（這是一個 SSH 客戶端的程式）。然後，把 Putty的路徑指向Edison。

　　如果是 OSX或者 Linux系統，請打開終端機，輸入以下指令：

```
ssh root@edison.local
```

提示：如果你改過hostname，那請把位置中的edison改成你改的名字。

3. 安裝最新版本的軟體開發程式庫

　　請輸入以下指令，請注意這行指令非常長，**intel-iotdk**和URL之間有空格，**>** 的兩邊也都有空格：

```
echo "src intel-iotdk http://iotdk.intel.com/repos/1.1/
intelgalactic" > /etc/opkg/intel-iotdk.conf
```

　　然後，再將套裝程式儲存庫（package repository）升級並更新：

```
opkg update
opkg upgrade
```

4. 加入非官方套裝程式儲存庫

　　要先將程式儲存庫路徑加入*opkg/base-feeds.conf file*檔案中，我們才能使用其他套件程式。加入路徑之後，我們就多出許多編輯好的應用程式，就不需要再從原始碼開始編輯程式了。

提示：非官方推出的程式儲存庫（repositories）在眾多Linux版本中都還算常見。

　　好了之後，請將以下指令加入*base-feeds.conf*：

```
echo"src/gz all http://repo.opkg.net/edison/repo/all
src/gz edison http://repo.opkg.net/edison/repo/edison
src/gz core2-32 http://repo.opkg.net/edison/repo/core2-
32">> /etc/opkg/base-feeds.conf
```

因為我們剛加入了套件路徑，所以請再次更新程式儲存庫：

```
opkg update
```

接著，安裝 NumPy、OpenCV 和 OpenCV-Python。

```
opkg install python-numpy opencv python-opencv nano
```

現在，一切大功告成，我們可以開始寫程式了！

提示：除非你已經很習慣使用vi了，不然我們還是建議安裝nano文字編輯器。

5. 用 OpenCV 和 Python 來編寫程式

請開啟nano，指定檔案名稱，然後輸入我們會用到的三個 Python 程式庫：

```
nano ~/FaceDetection.py
    import numpy
    import cv2
    import urllib
```

接著，請下載範例照片（如右圖），並把照片放在 Edison 的網路伺服器路徑下，並把檔名改成 in.jpg：

```
print("Downloading Images and Necessary Files")
urllib.urlretrieve(http://cdn.makezine.com/make/43/
Intel_CES_Team.png, '/usr/lib/edison_config_tools/
public/in.jpg')
```

好了之後，請下載內有OpenCV人臉辨識演算法的 XML 檔，並放到Edison的網路伺服器公用（Public）資料匣，檔名為 haarcascade_frontal face_alt.xml。

```
urllib.urlretrieve('https://raw.githubusercontent.com/
Itseez/opencv/master/data/haarcascades/haarcascade_
frontalface_alt.xml', '/usr/lib/edison_config_tools/
public/haarcascade_frontalface_alt.xml')
```

我們要用OpenCV來輸入照片，將照片轉成灰階來進行人臉辨識：

```
img = cv2.imread('/usr/lib/edison_config_tools/ public/
in.jpg')
gray = cv2.cvtColor(img,cv2.COLOR_BGR2GRAY)
```

接著，我們用OpenCV的程式庫來新增人孔辨識演算法來處理灰階照片：

```
faceCascade =
  cv2.CascadeClassifier('haarcascade_frontalface_ alt.xml')
faces =
  faceCascade.detectMultiScale(gray,scaleFactor=1.1,minN
eighbors=5,
  minSize=(30, 30), flags = cv2.cv.CV_HAAR_SCALE_IMAGE)
```

現在，臉孔變數包含了一個直角座標陣列，圍繞每一個

Intel 的展示小組成員在消費性電子產品展上與 Edison 微型電腦拿到的獎合影。

Intel Labs China

OpenCV找到的臉孔，這些座標會被用來在原本的彩色照片臉孔周圍畫上方框，我們再把它存成新的檔案：

```
for (x,y,w,h) in faces:
    cv2.rectangle(img,(x,y),(x+w,y+h),(255,0,0),2)
cv2.imwrite('in_facefound.png',img)
```

最後，請按 Ctrl-X儲存文字檔，當你看到彈出式視窗詢問是否要儲存檔案的時候，請按下Y並確認輸入（Enter）。

6. 網頁設置

請將展示處理前後相片的 HTML 檔案下載到 Edison 的網路伺服器上。

```
wget http://cdn.makezine.com/make/43/OpenCV.html
```

好了之後，請將路徑指向網路伺服器的公共資料匣：

```
cd /usr/lib/edison_config_tools/public
```

7. 打開影像

現在，你可以到 http://edison.local/OpenCV.html網頁來觀看處理前後的的影像了，每個偵測到的臉孔周圍都有一個方框！

更進一步

現在我們將 Edison 電腦上的OpenCV和Python都設定好了，建議你可以去看看官方網站的說明文件，裡頭有很好的範例程式碼以及其他說明（網址為 makezine.com/go/opencv-python-tutorials）。 OpenCV不只可以進行臉孔辨識，也可以偵測任何形狀、分析影片，還有其他許多功能喔！◐

STAR-LIGHT HAIR BAND
星光髮箍

文：Ellice Wang 攝影：曾德益、黃渝婷

運用Chibitronics貼紙，輕鬆做出
獨一無二的吸睛飾品。

時間：
約1~2 小時
成本：
約500 新臺幣

材料

電路
» 電路
» Chibitronics LED（3）
» Chibitronics 光敏模組（1）
» 鈕扣電池（1）
» 鈕扣電池盒（1）
» 鋁箔紙／銅箔貼紙，約長 30cm × 寬
  5mm（1）
» 電線，約 2cm

外觀裝飾
» 蕾絲或緞帶，長 15cm × 寬 2cm（1）
» 髮箍（1）
» A4 麻紗紙
» A4 金屬光澤麻紗紙（1）

工具

» 鑷子
» 針線
» 剪刀
» 熱熔膠
» 萬用黏膠
» 雷射切割機（非必要）

Ellice Wang
旅英設計師，經營 Maker Everyday
媚可兒日記（ www.facebook.com/
makereveryday ）網站。回臺巧遇
自造者運動萌芽，便從平面設計跨
足 CNC、3DP、電子、木工、皮件
等相關領域，致力於推廣「自學、
創造、分享」。

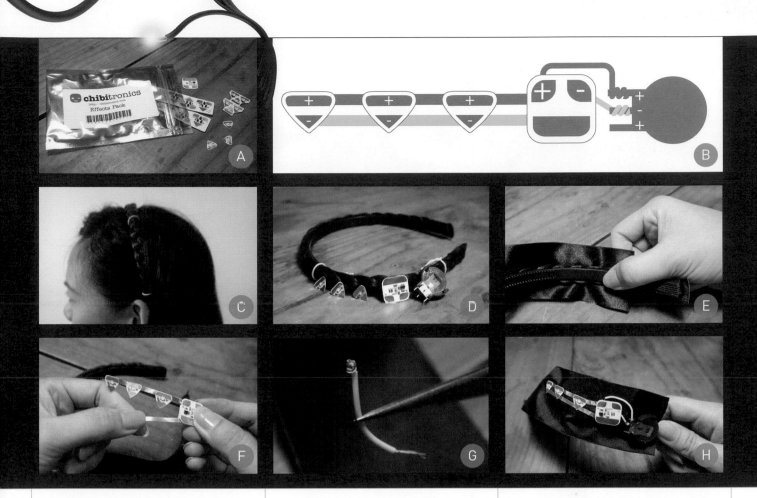

髮箍一直以來是我忙碌生活中的最愛，**每當快來不及赴約時**，只要一戴上，就完成了帶點俏皮的復古優雅髮型，真的是女生不可或缺的心機小物。唯一的困惱是，常常重要的約會，服裝早就準備好了，市面上卻遍尋不著我想要的髮箍款式，俗話說女人的衣服永遠缺一件，而我尋尋覓覓的卻是髮箍。我在某一次 Taipei Hackerspace 舉辦的工作坊中，接觸到了在國外頗受好評 Chibitronics 電路貼紙。Chibitronics 電路貼紙是「貼」的電子元件（圖Ⓐ），傳統的電子元件要用焊的，對於一般不是電子專業的人而言，焊接有器材取得及技術門檻的障礙。我在使用 Chibitronics 的過程中驚艷於它的輕薄外型及便利性，並聯想到可與布料或是紙張做結合，因此有了動手製作這個自動發光髮箍的想法。

星光髮箍的特色是可以在黑暗的環境中自動發亮，不需要多餘的開關動作，而且還可以自己設計顏色和外型，讓你就算身處黑暗中，依然搶眼獨特。

電路原理

Chibitronics 已經貼心地把相關的元件都封包在同一片貼紙上，只要選擇想要的效果，不用擔心其他電阻之類的問題，所以星光髮箍的基本電路設計只要先安排電流從電池的正極出發，通過 LED 正極，從 LED 負極出來，再回到電池的負極（圖Ⓑ）。然後再加上感光模組（Light sensor），就像是開關的角色，有光源時，感光模組會將電流阻斷，LED 不會發光；光源不足時，感光模組不會作用，電流便可順利流通，LED 亮起。應用這種原理，便可利用光源來控制 LED，不需要組裝額外的開關，外型上更美觀，也更節能便利。

髮箍加工

先實際戴上髮箍，決定花朵基座的最高點跟電池座的最低點，用亮色線做記號，記得要在耳朵的上方，以免穿戴時拉扯到（圖Ⓒ）。做好記號後將髮箍拿下來，看看在基座範圍內是否能放進 LED、感測器跟電池盒，並確認有預留花瓣的空間。Chibitronics 的 LED 貼紙都是設計成並聯，數量可以直接依個人設計增減（圖Ⓓ）。

將緞帶下半部跟髮箍黏合，用夾子加壓，放置 10 分鐘後待乾（圖Ⓔ）。之後緞帶的外層要黏花瓣，內層要放電路。

電路組裝

依照上面的電路圖，將電子元件黏在與髮箍黏合好的緞帶上，並用銅箔將路線連接起來（圖Ⓕ）。電池盒放在最下面，方便更換電池。銅箔貼紙在五金行或是電子材料行都買得到，可以直接剪所需的長度黏接，相當方便。不想特別買一整捆的話，只要將鋁箔紙裁成約 3～5mm 寬的長條狀，也一樣可以當接線，只是比較容易破裂，並且要另外用膠黏緊，以免接觸不良，這部分要特別注意。

跟電池盒相接的地方，用銅箔貼紙不好固定，找兩小段電線，先用剝線鉗將電線的外套膠管去除，剝線鉗可以用剪刀代替，淺淺地剪一圈，注意不要剪斷內部導線。將一端扭成一撮，連接感光模組，另一端用鑷子捲成小圈（圖Ⓖ），穿入電池盒的正負極上（圖Ⓗ），夾扁後再用熱熔膠固定。

裝置都固定好在髮箍上之後，務必要再測試一下是否有接觸不良的地方。將髮箍

拿起來甩動看看有沒有東西鬆脫;遮住感光模組測試看看LED有沒有亮(圖 I),有亮代表電路沒有接錯,元件也沒壞,就可以進行後續的外觀設計。如果縫合之後要再修補,將會非常麻煩。

現在我們要將電子元件隱藏起來。把緞帶對折,在LED跟感光模組對應的位置用鑽子戳洞(圖 J),然後縫合緞帶兩側(圖 K),記得尾端要留電池開口,以便更換電池(圖 L)。為了避免緞帶脫線,可以先用打火機快速燒一下邊緣。

製作外觀

電路組裝完成後,現在我們來做外觀的部分。首先要做花瓣,花瓣材料建議選擇半透明的紙材,光線會較柔和且有更多層次。我是買一張素色麻紗紙跟一張加了薄薄銀粉的麻紗紙做搭配,用天然麻纖維鋪成的紙,透光度佳且質感優,缺點是麻纖維粗細不一,組織鬆散,容易勾紗。

我是用雷射切割機來做出數量眾多的花瓣(圖 M),沒有雷射切割機的人也可以直接用剪刀剪。我先上網找了喜歡的花瓣照片,用繪圖軟體描出外框,存成向量檔,就可以用雷切機快速地切出許多花瓣了。這裡可以下載我的花瓣檔案(www.mediafire.com/view/7f4g58q5p7zbcu9/petal_share.ai)。

花瓣都裁切完成後用任何一支圓管將花瓣彎曲增加立體感,花瓣數量多,要有點耐心。在花瓣尾端多沾一點白膠,讓白膠在花瓣之間撐出一些空隙,我通常會在花瓣底部多黏一片小片的花瓣,用來增加挺度(圖 N),最好是一層乾掉之後再黏一層,以免底層膠未乾,新的一層的重量會把底層壓扁,記得一邊貼一邊檢查各個角度的樣子(圖 O 、圖 P)。

最後再依喜好黏貼一些亮鑽跟珠珠亮片,增加光的折射,更加閃閃動人!

更進一步

現在有許多特殊材質的紙,挺度佳,質感更勝一般亮面尼龍布。如果想用布做,建議選擇透光性佳,薄料的布,先不要裁成小塊,因為我們要上漿。把漿糊跟水調勻,比例大約1:3,漿糊的份量愈多,漿完的布自然就越硬挺。

將布放在切割墊上,拿個刷子沾取漿糊水,均勻地薄薄刷上一層之後,等待整個切割墊乾燥即可,要確定布都有濕透,不然沒漿到的部分會有色差。

上漿一方面是定型,布才有辦法維持捲曲的樣子;另一方面是避免毛邊。將乾燥之後的布依照紙的步驟裁片、彎曲、黏合。

這樣就完成了會自動發光的星光髮箍(圖 Q),歡迎與我們分享妳的創意! ↗

+ Chibitronics 官方網站: chibitronics.com/

+ 官方光敏電阻教學頁面: chibitronics.com/light-sensor-tutorial/

DIY
CONDUCTIVE INK
DIY導電墨水

時間：
2天
成本：
45~130美元

材料
» 醋酸銀（99%），1克
» 氫氧化氨（28%-30%），
  3.0mL
» 甲酸（88% 或以上），
  0.5 mL
» 木板，½"×3"×3" 或以
  上
» 螺栓，2"

工具
» 帶鋸
» 桌上型虎鉗
» 鋼鋸
» 熱熔膠槍
» 試管與試管塞
» 小玻璃瓶
» 燒杯（2）
» 針筒，100mL（3）
» 針筒過濾器，0.2μm
» 秤量皿
» 電子秤
» 電鑽
» 橡膠手套
» 護目鏡，要能承受化學物質
  潑濺。

喬丹・邦克
Jordan Bunker
興趣廣泛卻雜而不精，他
喜歡玩弄各種點子、原子
和零件。當他沒有在日頭
下冒險犯難的時候，那大
概就是在美國西雅圖家裡
地下室改造成的工作間埋
頭苦幹了！
www.hierotechnics.com

Illustrated by James Burke

用一些基本的化學實驗技巧
在家製作導電墨水吧！

文、攝影：喬丹・邦克　插圖：詹姆斯・布爾克　譯：劉允中

A

B

C

感謝最近的科技進展，現在，我們可以買到筆型、刷型，甚至是印表機油墨型的導電性墨水了。不過，你有沒有想過自己製作導電性油墨呢？

只要依照美國伊利諾州厄巴納香檳大學（University of illinois Urbana-champaign）材料研究實驗室開發的製作流程，想要自己製作導電性油墨其實並不難！

以下的步驟改編自厄巴納香檳大學的論文〈在溫和的溫度水平下以反應性含銀墨水繪製高導電性圖形〉（Reactive Silver Inks for Patterning High-Conductivity Features at Mild Temperatures），我們將步驟簡化，業餘玩家也可以動手玩玩看。

> **警告：** 本文使用的化學物品會散發濃烈氣味，並具有腐蝕性且可能在皮膚與衣物上留下髒汙。製作時，請務必穿戴護目鏡、橡膠手套、長袖衣物、長褲、包住腳趾的鞋子，防止化學物品噴濺。因為過程中會產生濃烈氣味，這個專題最好在戶外（或者排煙室內）進行。

事前準備

請先將所以的器皿和工具清洗乾淨，放在工作臺表面。在正式開始之前，請先詳細閱讀所有步驟，確定了解流程之後，再正式開始製作。

1. 製作試管振盪器

其實，你不需要去買市面上昂貴的試管振盪器，只要用 2" 的螺栓和圓形的木板就行了。請從 ½" 厚的木板上裁切一塊直徑約 2.5" 的圓木板下來，並在原木板中間鑽一個可以容納 2" 螺栓本體的孔洞，然後在鑽出另外一個 ½" 孔洞，鑽到木板厚度的一半就好，不要鑽穿。這個孔洞要有點偏離中心，但是跟中心孔洞重合（圖 **A**）。

接著，請將 2" 螺栓放入桌上型虎鉗中，用鋼鋸把螺栓頭鋸下來，將剩下來的螺栓本體放入中央孔洞中，與 ½" 孔洞齊平。好了之後，用熱熔膠固定就行了。

2. 製作墨水

請在玻璃燒杯中倒入大約 3 mL 的氫氧化氨溶液，接著，用注射器吸出恰好 2.5 mL，然後放入試管中（圖 **B**）。

將秤量皿放到電子秤上，將電子秤歸零之後，秤出恰好 1 g 的醋酸銀粉末（圖 **C**），然後將粉末倒入試管中。接著，將自製試管振盪器的螺栓放入電鑽，將試管從上方抓穩，底部放在自製試管振盪器上方（圖 **D**），緩慢地將電鑽加速，直到試管中看到漩渦為止，震動 15 秒之後，將試管抽離振盪器。

將大約 0.5 mL 的甲酸倒入玻璃燒杯中，然後，用另外一個針筒，從燒杯中取出 0.2 mL 的甲酸（圖 **E**）。

接著，請滴一滴甲酸到試管溶液中（圖 **F**），然後用剛剛介紹的方式來混合溶液，直到 0.2 mL 的甲酸都完全混合為止。

混合完成之後，溶液會變成灰色或黑色，請在試管上塞上塞子，讓溶液反應至少 12 小時（圖 **G**）。

D

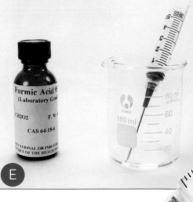

E

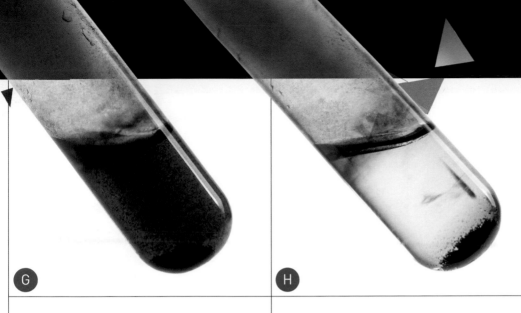

G

H

I

3. 墨水過濾

等待12小時之後，溶液看起來會清澈許多，只剩下底部一些灰色的銀質沈澱（圖H）。但如果要把墨水用在噴墨印表機或墨水噴槍上的話，還要把這些沈澱物過濾掉才行，不然會卡住。

現在，請拿一個新的針筒，把活塞拔出來，放入一個0.2μm的針筒過濾器在針筒頭上，然後，將過濾好的容易注入針筒中，再把活塞放回去（圖I）。

好了之後，請緩慢而穩定地推進活塞，使得溶液流經過濾器，然後倒進放的玻璃瓶中（圖J）。

4. 使用墨水

在使用墨水之前，必須慎選適合的容易來盛裝。而為了提升墨水的導電性，必須要將墨水加熱到90°c（192°F），所以，盛裝墨水的容器至少要可以耐受這樣的溫度才行，如果用紙或纖維這類有孔洞的材料，就沒辦法達到導電的效果。所以建議選擇表面平坦的材料。請使用筆刷將墨水刷到你想要的材料上，如果想要繪製複雜的圖形，也可以考慮使用模子，好了之後，等待墨水乾透，直到顏色變成暗灰為止。

請將材料加熱到90℃（192°F），並維持15分鐘，加熱的工具可以選用加熱板或麵包烤箱。

> **警告：** 如果使用麵包烤箱加熱，可能會導致之後用來加熱食物的安全疑慮。

使用小撇步

這種墨水黏著性不太好，很容易從材料表面脫落，為了增加黏著程度，可以將材料表面打磨一下。等墨水乾掉之後，可以用透明的指甲油來上一層保護膜。

不幸的是，我們不能在完全乾掉的墨水上做焊接，因為熔化的焊料會把墨水也熔掉。因此，如果你有導電銀漆筆（CircuitWriter）的話，可以在墨水痕跡上繪製焊接點，再用來焊接。◑

在makezine.com/projects/make-43/diy-con-ductive-ink/上有更詳細的製作說明以及照片。

J

穿戴式裝置暗藏玄機
UNDER THE HOODIE
圖解穿戴式裝置。　文：葛列塔‧洛爾吉　譯：劉允中

身體不曾靜止，也沒有任何直線，更重要的是，經過一段時間還會因為流汗等原因而產生髒汙。因此，內建於衣物與飾品內的穿戴式裝置必需堅固、有彈性、可水洗（或至少要要能拆卸）。現在，就讓我們一窺穿戴式裝置的主要零件吧！

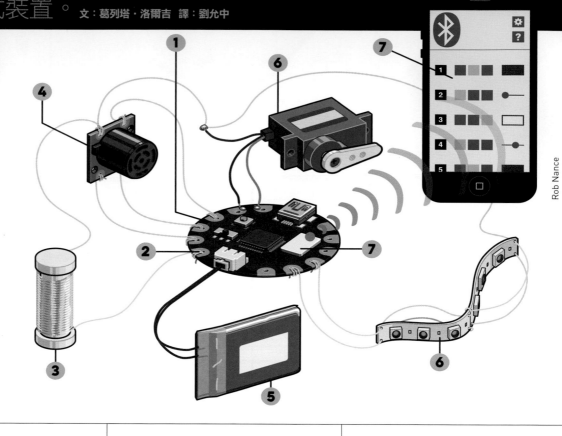

Rob Nance

1. 控制器

穿戴式裝置專用的微控制器體積很小，不僅要穿戴起來舒適，各個零件還要能夠保持距離。另外，特殊的外型和色彩也讓它成為穿搭配件的一部分。有幾種控制板是可以手洗的（不包括電源部分）。相關使用方法請詳閱說明書。

2. 輸入／輸出裝置

這些控制板用金屬的針孔來代替針腳的功能，用縫紉的方式讓導電線形成軟式電路。有些控制板更備有容易拆卸的扣瓣或是大到可以焊接上扣瓣的孔洞。

3. 導電材料

材質若含有像是銀或不鏽鋼等金屬，電流就可以通過，這種材質稱為導電材料。穿戴式裝置可以將這導電材料運用於各種用途，例如：

- 用來組成電路
- 使用電容觸碰感測器時的布料

- 開關用的魔鬼氈

4. 感測器

感測器的用途在於匯總環境或使用者的各種資訊。環境中的刺激，包括光線、溫度、動能（ACC）及位置（GPS）；使用者的資訊，包括心跳（ECG）、腦波（EEG）及肌肉張力（EMG）等。有些裝置的微控制器將基本感測器直接安裝於電路板，而多數製造商都有外接式的外部感測器模組可供選擇。

5. 電源

穿戴式裝置在產品設計初期，必須要考慮的第一點就是動力來源。你是只想讓LED發亮？還是想讓伺服機運作？如果電路板本身有傳統鋰電池的安裝處，便足夠提供低耗能裝置的電力了。然而，備有標準JST連接器的電路板（無論有沒有供鋰電池充電的電路）則可以支援更多元的應用。

6. 致動器

若用較為概括的方式來描述，可穿戴裝置系統的運作方式大概是這樣：當感測器接收到輸入的刺激X，會造成對應的Y結果。因此，像是LED、警報器、麥克風或者伺服機這類致動器就扮演讓東西動起來的角色。

7. 網路連線

要連接智慧型裝置、網路或其他穿戴式裝置系統，我們會需要無線網路連接裝置。除了Wi-Fi和藍牙之外，其他供穿戴式裝置連接網路的選項包括：

- BLE：BLE比傳統藍牙耗電量少，50公尺範圍內為收訊區，資料傳輸率可達1Mbp。
- NFC：NFC是一種無線電頻率場，收訊範圍約為20cm，傳輸率約可達400Kbp。

可用於穿戴的電路板
BODY BOARDS
穿戴式微控制器指南。

由麻省理工學院的莉亞・畢克立（Leah Buechley）所開發出的LilyPad於2007年正式問世，是第一塊專門用於軟式電路、可用導電縫線連接的控制板。現在，市面上已有成千上萬種「可穿戴」的微控制器。現在就來看看其中幾種特色款式吧！

LILYPAD ARDUINO
- 20～30美元，sparkfun.com/categories/135
- 直徑2"

從擁有容易縫紉的扣瓣到可水洗，LilyPad一直是電子紡織專題的優先選擇。配備四核心電路板、22個針腳、6個類比接頭，如果你的專題需要多種輸入與輸出，基本款是很不錯的選擇（其他三種電路板有11個針腳與4個類比接頭）。Simple及SimpleSnap控制板的程式碼相容，不同之處在於SimpleSnap有不可拆的鋰電池及可輕鬆拆卸的扣瓣。USB款的電路也是由鋰電池供電。LilyPad最強大之處在於，它有包括開關及XBee擴充板等多種感測器與輸出零件可選擇，自成一個自給自足的生態系統。

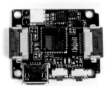

XADOW
- 20美元，makezine.com/go/xadow
- 尺寸1"×0.8"

Seeed公司的Xadow有非常多相容的模組可以選擇，從氣壓計到紫外線感測器、GPS天線等無所不包。它的連接材質纖薄、柔軟，在連接各個模組時能兼顧彈性與穩固性。

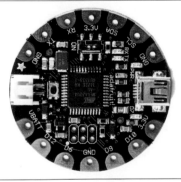

FLORA
- 20～30美元，adafruit.com/product/659
- 直徑1.75"

Flora的設計理念與LiLyPad相似，由多樣的可縫式電路模組組成，從高階GPS天線到色彩感測器都有，如果需要同時兼顧多種功能，Flora更能發揮優勢。

如果你的專題不需要I/O針腳，Adafruit公司也有出品直徑1"的Gemma，只要8美元就可以購得！最近，Gemma將推出一款與Arduino IDE相容的版本，將會包含開關及micro-USB接頭。

TINYLILY MINI
- 20～30美元，tiny-circuits.com/products/tiny-lily.html
- 直徑0.55"

TinyCircuits出品的TinyLily Mini開發板令人驚豔之處在於，將電源及輸入輸出選項裝在骰子大小的包裝內。TinyLily與LilyPad和Arduino相容，但需要另外連接micro-USB來上傳草稿碼。

SQUAREWEAR
- 20～30美元，rayshobby.net/cart/sqrwear-20
- 尺寸1.7"×1.7"

開放原始碼、與Arduino相容的SquareWear 2.0將許多功能整合在一小片板子中。與其用擴充板打造自己的生態系統，這款開發板選擇一勞永逸的方法。內建mini USB接頭、可充電式鋰離子鈕扣電池，並搭了小燈泡及溫度感測器等。

更多特色產品

PRINTOO
- 26美元，ynvisible.com/printoo
- 尺寸1.38"×1.38"

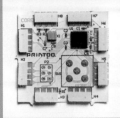

Printoo 是目前唯一一款既堅固又具彈性的穿戴式零件。這個類似 e-ink 的 8 段碼顯示器，連同即將推出的彈性超薄紙狀電池、導電油墨適配器，在自造者界都難得一見。這款電路板對於需要用到比較分散的模組零件的專題來說將會有很大的幫助。

BITALINO
- 99美元，bitalino.com
- 尺寸2.5"×2"

BITalino 目前有售價185美元、一體成形的控制板（4.5"×2.5"），搭載可測得心跳、肌肉張力、皮膚電流活動和光線的感測器以及加速度計；另一種是197美元的「自由配工具組」，附帶外接的個人生物感測器模組。BITalino 的研發團隊先前在 Kickstarter 網站上募資一款名為「BITalino (r) evolution」（Bitalino（再）革命）的新產品，宣稱外型會更輕巧、價格更平易近人，並且有更多客製化空間。但最後並沒有募資成功。

FASHION

流行最前線 9位結合科技與服飾的設計師。

文：麥特・理查森　譯：編輯部

在流行領域中，你所看到的通常是未來產業的概念性產品，這句話同樣可以套用在自造者們是如何運用新的科技上面。自造者所製作的專題通常引領了消費性科技的走向，甚至這些專題可能會影響未來消費性科技產品的發展。

在11月的Engadget Expand活動「穿戴式伸展臺」（Wearables on the Runway）上，我們看到了科技與流行的結合。透過穿戴式裝置的專家貝琪・史登（Becky Stern）以及凱特・哈特曼（Kate Hartman）的幫忙，《MAKE》編輯群列出了一些由頂尖設計師所設計的概念性穿戴式裝置。

伊麗莎白・托爾森（Elizabeth Tolson）為 Arch Contemporary Ballet 設計的 LED 裝飾芭蕾裙。

由米歐爾・科蒂斯（Michelle Cortese）製作的「記錄（我）」能夠聆聽並提供情緒分數。

Yuchen Zhang 的「身體想像」（Imagined Body）可以運用機構與穿戴者的情感交流。

想要自己動手做這些專題，或是做一個全新的專題嗎？從 Maker Shed（bit.ly/makewear）購買下列材料開始吧：

擴增裙：
Flora GPS 初學者包：商品編號 #MKAD51
伺服機：商品編號 #MKPX17

MEU：
NeoMatrix：商品編號 #MKAD73
Arduino mini：商品編號 #MKSP17

芭蕾裙：
Lilypad 套件：商品編號 #MKSF9

其他穿戴式套件：
加速度感測器：商品編號 #MKPX7
Arduino UNO Rev 3：商品編號 #MKSP99
Xbee 無線初學者包：商品編號 #MKPX19

FORWARD

塞巴斯蒂安・葛安麗
（Sebastian Guarin）
與羅伯特・屠（Robert
Tu）共同製作的鑲嵌
LED 服。

「Forg 設計」的
概念性作品，想像有
穿戴式四軸飛行器的
生活。

Som Kong 將
羅伯特・屠的
MeU LED 矩陣與長
大衣做結合。

拜司・厄茲坎
（Birce Ozkan）
製作的羽毛狀的裙子
指引穿戴者向北的
方位。

由 Xuedi Chen 和
佩德羅・奧利維拉
（Pedro Oliveira）
製作的「x.pose」，
會根據網路活動決定
衣服裸露的程度。

穿戴式科技的專家們凱
特・哈特曼、貝琪・史
登與《MAKE》共同作者
麥特・理查森一同評論
這些衣服。麥特十分喜愛
MaceTech 的 LED 矩陣
（第 63 頁）。

挑選感測器

WHAT TO SENSE

如何選用穿戴式裝置的感測器。

文：凱特‧哈特曼 ■ 圖：fritzing.org ■ 譯：編輯部

凱特‧哈特曼
Kate Hartman
是多倫多城市安大略藝術設計（OCAD）的教授，她負責帶領研究團隊致力於探索以人體為主的科技技術。

決定用一個聽起來很厲害的感測器來做一個專題很簡單。

「噢！有一個非常厲害的感測器剛上市，我要用它來做一個專題。」

但這會使得這個互動專題圍繞著技術，而不是為了要配合某個特定互動需求而設計。

挑選感測器時，一開始最好先想到「要用感測器來感測什麼」。動作模式、效果與條件是什麼？環境中有哪些因素？要考慮哪些重點？接著你便可以試著問問看自己下列幾個問題：

- 我有哪些感測器可以使用？
- 我想要感測什麼
  （聲音、光、壓力、物體等）？
- 感測器要放在哪裡？
- 我需要用感測器蒐集哪些資料？

接下來文章是從《如何製作穿戴式電子裝置》一書中〈感測器〉章節所擷取的

片段，你將會了解到有哪些感測器可以使用，並開始選擇適合自己專題的感測器。但這些都只是冰山一角，一旦在你心中有了專題的靈感，你應該要去尋找最適合專題的感測器來協助你實現你的想法。

彎曲

人體具有柔軟度，所以可以用彎曲感測器來偵測肢體的彎曲，非常適合用於會產生大角度與圓角的肢體上，例如手肘、膝蓋、手指還有手腕。彎曲感測器需要搭配分壓電路使用，以便於控制器讀取。

圖①：彎曲感測器電路圖

使用彎曲感測器會面臨最大的挑戰就是擺放位置與保護措施，為了能精確判讀手肘的彎曲程度，需要每次都將感測器放在手肘的同一位置上，建議可以幫感測器做一個固定的口袋。

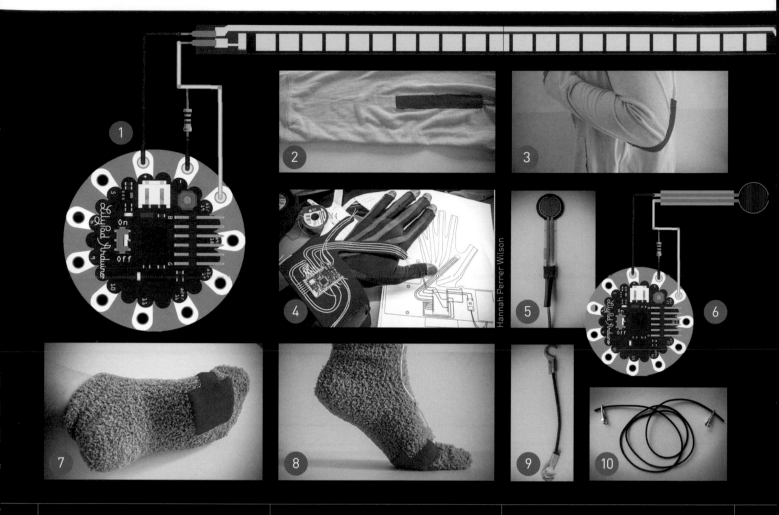

圖 2：加裝彎曲感測器的袖子

圖 3：手肘彎起時彎曲感測器的位置

因為彎曲動作的強度與質量都很高，彎曲感測器相對來說比較脆弱，特別是接頭連接的地方。建議用熱縮套管或其他類似材料來進行補強。

圖 4：使用彎曲感測器來產生音樂的手套專題，製作成員有 Rachel Freire、Hannah Perner Wilson、Kelly Snook 以及 Adam Stark。

壓力

因為身體不時會與其他東西接觸，所以能透過壓力感測器（FSRs）來感測這些動作。壓力感測器類似於彎曲感測器，但用來偵測壓力的靈敏度會比彎曲來得高，可用不同的電阻值來區分，而且焊接點也很脆弱。

圖 5：用熱縮管保護感測器與電線脆弱的焊接點

圖 6：壓力感測器電路圖

圖 7：可以在襪子上縫口袋用來放置壓力感測器

圖 8：當壓力施加在腳掌上，微控制器可以讀取到感測器的資料變化

拉伸

從彎曲膝蓋到隨呼吸膨脹收縮的肋骨，正確地使用拉伸感測器就能捕捉到細微的變化與人體的律動。拉伸感測器其實就是條具有導電性的橡皮繩，一旦拉得愈長，電阻值也會跟著下降，因此也屬於一種可變電阻。

圖 9：帶鉤的拉伸感測器

拉伸感測器有先剪裁成不同長度並附有金屬鉤方便連接的版本，或者是可自己剪裁所需長度的版本。

圖 10：客製化的拉伸感測器

拉伸感測器是一種很有趣的材料，可以將其與布料織在一起或縫在一起。

圖 11：Sarah Kettley、Tina Downes、Martha Glazzard、Nigel Marshall 與 Karen Harrigan 所設計的作品「Aeolia」，嘗試使用編織、針織、刺繡技巧，將拉伸感測器與服飾結合。

位移、方向和定位

人類是可以自由活動的生物，可以拿取自己想要的東西，聽到巨響會轉身看，或是蹲下來呼叫床底下的貓。當你製作能回應前述動作的穿戴式電子裝置時，如果能夠反過來感測身體的動作的話，也可以提

Tina Downes and Catherine Northall

11

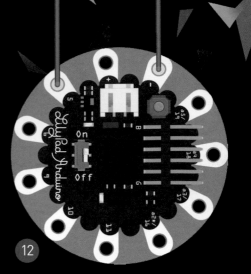

12

13

14

15

Collin Cunningham

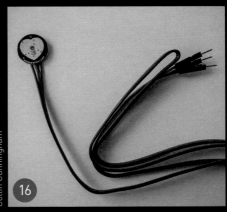

16

供很多幫助。

傾斜開關是偵測身體運動最便宜也是最簡單的方法。

圖 12：數位輸入腳位可讀取基本傾斜開關的訊號

但是你也可以選擇其他更複雜的感測器。像是加速度感測器可以偵測加速度或是運動速度的變化，也可以根據重力關係的改變來測量傾斜程度。

加速度感測器上會標示能測量的軸數，圖片中的便是三軸加速規，表示這個加速規可以偵測X、Y、Z三個軸向的加速度運動。

圖 13：加速度感測器：Lilypad加速度感測器、ADXL 335、Flora加速度感測器。

圖 14：由莉亞·畢克立所 製作的加速度

感測器T恤，可以使用感測器數據來控制RGB LED的顏色。

如果偵測傾斜與方位還不能滿足你的需求，你還希望裝置能找出你的所在地，便可以使用GPS。就像汽車，腳踏車和行動電話一樣，你的外套或是緊身褲也可以裝上GPS，可以與Arduino相容的GPS零件有很多種，但Flora GPS不但簡潔又適合縫在衣服上。

圖 15：由Adafruit的貝琪·史登和泰勒·古柏所製作的Flora GPS外套。

心跳與其他人體感測

當你感到興奮時心跳會加速，緊張時皮膚會發冷。感測器除了可以用在周邊環境與人體運動上，你也可以用來探知某人身體的狀況，感測人體最簡單的切入點就是脈搏或心跳。

好比Amped脈搏感測器，這類的光學心跳感測器是一種小體積且低成本的脈搏感測器。這類型的感測器可以測量血液的流動情形，通常會安裝在手指或耳垂上，它使用LED朝著血管組織發出光線，再透過背面的光線感測器讀取數值，藉此產生出Arduino類比輸入腳位可判讀的類比電壓。

圖 16：脈搏感測器

圖 17：脈搏感測器電路圖

心跳偵測胸帶比較昂貴，但測得的心跳也比較準確。它是運用兩個導電電極來偵測心臟的頻率，必須將其緊貼在皮膚上。Polar推出的心跳偵測胸帶會透過無線傳輸回傳每個心跳的訊號。

圖 18：Polar心跳偵測胸帶

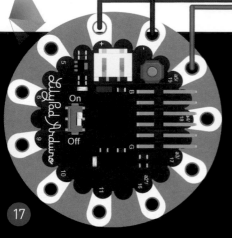

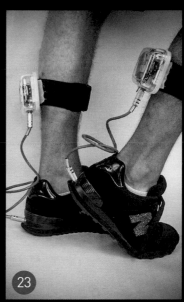

圖 19：由艾瑞克‧博德所設計的客製印刷電路板項鍊——Heart Spark，可以接收來自Polar心跳偵測胸帶的訊號，與使用者的心跳同步閃爍。

距離

有時候你會想要知道物體與人體的距離，這時候可以用距離感測器來偵測附近的物體、牆面，甚至是其他人。在挑選距離感測器時，要先考慮到你要偵測的範圍，或偵測的距離，以及想要使用的光束寬度。

圖 20：超聲波與紅外線距離感測器。

圖 21：由格雷格‧麥克羅伯茨所設計的「擴增視鏡」（Augmented Vision），使用RGB LED來顯示紅外線熱感測器與超音波距離感測器所測量的波動資料。

光線

最基本的光線感測器為光敏電阻，它的電阻值會根據光線照射程度的不同而有所差異，有些會隨光線增加而提高電阻值，但有些相反，可以透過序列監視器來觀察它所偵測到的資料。

圖 22：光敏電阻、Lilypad光線感測器、Flora光線感測器

光敏電阻是一種很好用的感測器，因為它體積小又好操作，價錢還出乎意料地便宜。可以用來感測周邊的光線程度，也可以用於非直覺思考的用途，像是偵測外套拉鍊拉起與否，或鞋跟有沒有踩在地面上。

圖 23：由安德魯‧施奈德所設計的「表演鞋」（Perform-o-shoes），是一雙可以控制音樂播放速度的鞋子，在鞋跟裝上光敏電阻，當鞋子抬離地面愈高，音樂播放速度就會愈快。

如何製作穿戴式電子裝置
Wearable Electronics
設計、製作、穿上自己做的互動裝置吧
林伊雯‧劉宏元 譯

✦ 這篇文章出自於《如何製作穿戴式電子裝置：設計、製作、穿上自己做的互動裝置吧》一書中的感測器章節。本書目前在博客來販售中（http://goo.gl/OJOJ5t）。

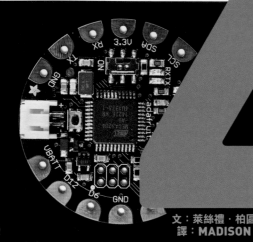

4 FUN FLORA PROJECTS

Flora趣味變裝計劃

用可縫電路板實現你的科幻遐想。

文：萊絲禮・柏區
譯：MADISON

萊絲禮・柏區
Leslie Birch
是一位科技藝伎，熱愛開放原始碼硬體——尤其是Arduino。她設計多個曾獲獎的穿戴裝置，目前正在用Adafruit和Element 14創作新作品。@zengirl2

回想一下你與穿戴式裝置的第一次接觸：可能是《星艦迷航記》中有對講機功能的胸章，或是《我不能死》中手掌上的生命時鐘，或是《魔鬼終結者》中人類與機器人的混種人。這些裝置可以簡化溝通、監控生命功能，甚至變化形體。我們雖然嚮往，但這些科幻裝置目前尚未被開發出來。我們都有要變得特別、變得聰明、變得厲害的夢想，或是希望科幻故事成真。也因此，穿戴式裝置才會發展至今，而Flora微控制器是我們穿戴式裝置之路上的最佳拍檔。

Adafruit出產的Flora，是一種麻雀雖小、五臟俱全的微控制器，可縫紉也可焊接（見第37頁）。內建USB插孔，可以用Arduino撰寫程式，還有一個JST插孔可快速接上電池。最棒的是，這個微控制器與NeoPixels相容。如果你還沒見過NeoPixels，想像一下能相互溝通的超亮RGB LED。Adafruit的Arduino NeoPixels函式庫可以輕鬆實現這個規格，讓任何人都可以打造穿戴式燈光秀。

你想怎麼做呢？你會做出什麼樣的變化？看看我們超酷的作品，打造屬於你自己的科幻穿戴裝置吧。

更多穿戴裝置組合和元件都在
Maker Shed
makershed.com

聲控耳機

說到科技潮宅就不能不提到90年代末期竄紅的法國二人組樂團——不知道Daft Punk就太遜了。戴上caitlinsdad設計的這幾款耳機看起來就像耳朵會發光，讓你一秒變身Daft Punk。

這個復古潮流聲控耳機是從兩個Adafruit的教學改造而來，非常酷！一塊Flora微控制器，兩只朝向耳朵方向的NeoPixel LED環營造燈光效果，不但可以讓光線變柔和，更增添神祕感。同時，麥克風放大器的電路板能讓LED隨著音樂閃爍。用焊接風扇進行這個專題，完成時要把線收好。這是個很棒的DIY耳機，用它享受聽覺快感吧！小心別被朋友偷走了。makezine.com/go/light-up-headphones

英雄手環

你知道英雄的共通點是什麼嗎？他們都擁有超能力，或是有一件讓他們擁有超能力的裝置。這些妮基·沙肯（Niki Selken）和安娜莉·柯勒（Annelie Koller）設計的英雄手環將讓你變成能量爆發的電塔！移動你的手臂，秀出變色燈光和發出聲音，盡情像蝙蝠俠一樣出拳，像忍者龜一樣劈砍，或是像神力女超人一樣抵擋子彈吧！

英雄手環適合全家大小同樂製作，需要縫製和稍微焊接。織物部分是頭帶加上裝飾用的雷射切割件（可為較小的孩子簡化設計，改用廢氈布製作）。Flora 微控制器需要加速度計捕捉手臂運動訊號，送到神奇的 NeoPixel 和壓電喇叭，發出英雄的聲音。記得先把披肩和攝影機準備好。wearabytes.com/superhero-action-bands

Hep Svadja

迪斯可洋裝

欣賞 Lady Gaga 的未來主義時尚嗎？不用再等了。這件山繆·克雷（Samuel Clay）設計的舞會洋裝內建 40 顆會跳舞的 LED，絕對讓你成為目光焦點。想要呼啦圈狀、火花狀、雨滴狀、螺旋狀還是隨機亂舞的 LED？跟著你的感覺擺動吧——這些 LED 會讓你金光閃閃。

這件迪斯可洋裝適合自認會基本裁縫的人，你會需要將 6 條 LED 條縫在洋裝內襯上。如果你的縫紉技巧不錯，也可以為 LED 條加上包裝用的緞帶，或是可以考慮 Adafruit 的超彈力矽電線。組裝好所有元件後，再用你喜歡的 LED 舞動程式碼控制 Flora 微控制器，現代瑪麗蓮夢露就可以降臨舞池了。
makezine.com/go/ light-up-dress

Sandra Krampelhuber

Annelie Koller and Niki Selken

電磁場檢測衣

我們生活的環境相當複雜，充斥著裝置和電磁場。如果你已經對此有所警覺，並考慮在地球上穿太空衣，就穿這件電磁場檢測衣吧。這件電磁場檢測衣是阿福·蒲莎拉（Afroditi Psarra）所設計，讓你可以透過觸覺和聽覺感測到電磁場。最有趣的是兩只繡在衣服上的感測器：功能和手腕上的天線一樣。穿上後，你就是電磁場偵測器。

Flora 微控制器從手腕上的天線接收資訊，用震動馬達和耳機轉成輸出。拉鍊不只是裝飾用，還有過濾和音量控制的功能。這件作品需要進階的縫製和焊接技術，不過如果製作出來了，你會比美國陸軍工程公司還瞭解你家的電磁場。英雄就該隨時做最好的準備。
afroditipsarra.com

THE FASTEST MAN ON EARTH

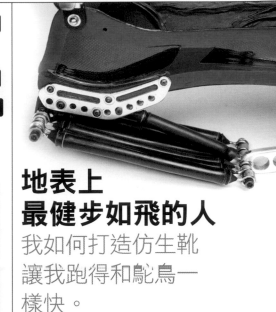

地表上
最健步如飛的人

我如何打造仿生靴
讓我跑得和鴕鳥一
樣快。

文：奇亞．西摩　譯：謝孟璇

奇亞．西摩
Keahi Seymour
來自英國索利赫爾
（Solihill），目前住在舊
金山經營一間酒吧；他對
設計與發明充滿熱忱，希
望未來有天能善用這些技
術，為發展中國家打造出
低價、便攜、能蒸餾與淨
化水質的裝置。

穿上仿生靴後闊步馳騁的感覺，實在無可比擬。 一開始的跨步行走，會首先讓你感覺到彈簧積蓄了能量，接著用力彈跳起跑，雙腳就立即釋放出巨大力量，你感覺彷彿攫取了一部分的超能力。我打造仿生靴的原因，就是想體會這樣的感覺。我從12歲起，就一直夢想著有天能深入非洲大草原，與獵豹一同如電奔馳。

從一開始它的概念就是要模仿並體會動物奔逐時的感受與速度。至今這依然是我的目標，只是因為現在使用了未來科技，這個發明因此不斷演化發展到更新的階段。我想打造出不受環境地形限制——無論是城市街道，或越野路徑——的裝置，然後跑得比任何人都快。

我最初的靈感火花，來自一個談自然歷史的電視節目；當時節目正在介紹袋鼠如何在跟腱（Achilles tendon）的部位儲存能量，以便在困難地形裡，以有效率的步態快速移動。我12歲時就畫了草圖，雖然打造出來是多年後的事，但成果與原始草圖，基本上並無太大不同。

過了¼個世紀，我總共製作了大約200個原型。這些靴子的材料是鋁合金碳纖維，並配有超彈性跟腱。穿上後，我大概有7呎高（約2.1公尺），每小時可跑25英哩。

嘗試發明的這段歲月裡，我先去念了大學，然後在1999年搬到美國。大學時我讀的是運輸設計，我製作的這雙仿生靴，獲頒倫敦皇家學會（Royal Society）的藝術獎項。我拿這筆獎金去了加州這塊休閒運動（越野腳踏車、滑板、玻璃纖維衝浪板）的誕生地，希望把仿生靴帶入公領域。

在當時，我已經決定了這雙仿生靴的美觀設計與可用原型，但那只是其中一款。一週裡有6天我忙著經營酒吧，好付專利的費用與材料開銷；到現在，我已經打造到X14（2014）的原型了。

機械化動物

基本上，這雙靴子能讓屬於蹠行動物（也就是行走時腳掌貼地）的人類，獲得機械上的優勢：你能與陸地上跑得最快的哺乳類趾行動物，例如灰狗與獵豹一樣，改以腳趾奔跑。這雙靴子讓人墊起腳尖，延長腿部與步幅，進而提高移動的速度與效率。

鞋子上有兩支槓桿，一支為主，另一支輔助腳趾；兩槓桿都銜接在橡膠彈簧上，模仿上述所說的袋鼠的跟腱，主槓桿負責提供推進力。當靴子落地時，18"的槓桿會張開彈簧；而彈簧收縮時，該槓桿會滑過轉軸到腳跟，促使主槓桿動作，把使用者像彈射器般彈出。較小的腳趾槓桿有橡膠與泡綿把手，因此在崎嶇地勢上移動時能有所支撐。依據不同的情況，不同尺寸

Hep Svadja

與胎面花紋可以再添加到一、二、或甚至三個通用的腳趾頭上。

打造靴子時我採用金屬做工、碳纖維塑模，再加上彈簧。最初主要的靴身也是根據正確的解剖構造加以設計製作。後來，我的朋友卡爾‧李奇特利（Carl Riccitelli）幫我做了模型，把碳纖維鋪至內裡，才有現今強度與重量比例最完美的原型。

其他主要零件還包括了飛航等級的鋁（6061與7000系列）。我在製造時完全不用CNC銑床機或鑄模工具，而是使用全手動的電鑽、角磨機、與弓鋸來切割、塑型、拋光。

彈簧系統是用矛槍彈簧帶上的天然橡膠做成，彈簧切割成適當長度後，再靠特製的索環銜接到橡膠上。這些都可以再依照不同使用者的重量、跑步方式與韻律等加以增減。

這項發明的設計概念，本來就是——實際上也逐漸如此演化——以勁跑做為一種交通運輸方式。不過雖然高速疾跑的能力讓人驚艷，這種高蹺設計卻不容易操控（也就是不適合轉彎）。

我並不是第一個設計輔助靴的發明者，還有其他使用了不同彈簧系統的原型與產品；不過我的發明時間，比這些相似產品的專利都來得早。

其中的一例，就是一度在德國市面上銷售的Powerbocks（就是現在的Pro-Jumps），它也使用了轉軸槓桿來增加穩定度，但它的設計比較屬於傳統的高蹺，

讓你像孩子玩的那種彈簧單高蹺一樣，能垂直地上下跳動。年輕運動家會穿這種靴子從事跑酷（parkour）類的極限運動（別把這種鞋與孩子穿的彈簧月亮鞋弄混，月亮鞋只是把腳撐在橢圓型的框架上，像踩著兩張彈簧床）。

我的產品與德國人不同的地方，不只在主要功能，還有在彈簧的設計：Pro-Jumps使用玻璃纖維葉片彈簧，而我的特色是使用天然橡膠做為延伸彈簧以便儲存能量。除此以外，因為材料不同的緣故，我的仿生靴只有6磅重，比Pro-Jumps還輕2磅左右。

然而最獨特的地方，還是我的仿生靴擁有轉軸腳趾，這能讓腳落地時獲得避震的效果，同時增加轉彎操控，在崎嶇的地勢上也有額外的支撐。我已經穿著它跑遍各種地形，從紐約坑坑窪窪的街頭到倫敦、加州海灘、洛磯山脈的陡峰，甚至淺水中。

快還要更快

未來我還有很多要忙，我想改善仿生靴，擴充它的距離與速度。我打算配上電子反饋控制系統，幫助協調力量與推進力，讓靴子能在奔跑的韻律中以最短時間輸出最多能量，藉此發揮出最大的效能與功耗。我想了解3D列印技術，尤其是鈦與碳纖維的部分，畢竟光是減輕10%左右的重量，就能創造不同凡響的成果。與Local Motors這類利用碳纖維技術融合ABS的公司共同合作，或者就像是英國雷尼紹（Renishaw）這種使用3D列印機

> 我已經穿著它
> 跑遍各種地形，
> 從紐約坑坑窪窪的
> 街頭到倫敦、加州海灘、
> 洛磯山脈的陡峰，
> 甚至淺水中。

仿生靴版本演化史

X5-2005一全鋁合金原型，以雪橇板、管狀桿、單一腳趾來支撐單腿。彈簧是用高空彈跳繩圈裡的彈簧改造而成，外有橡膠管包圍。

X8-2008一首度在外骨骼上使用碳纖維。此原型長17英吋，彈簧較有力、步伐也較大，但升級後重量亦增。

X10-2010一全鋁合金原型，降低靴子高度以便操控。降低載乘高度也降低了彈簧能受的力度。

製造鈦製腳踏車的公司攜手，一定能讓仿生靴有更好的發展。

仿生靴的「肌肉」也可以再調整，也許我會效法德國飛斯妥（Festo），他們在自家生產的仿生袋鼠上使用「流體肌肉」（fluidic muscle）。當空氣灌入時，它靠著氣體力學的壓力來收縮肌肉。大自然裡的袋鼠從跳躍的動作重獲能量，並把能量儲存起來以備下次所需。若靴子也能如此，則表示它們有條件提供更快的速度、跑出更遠的距離。

到最後，仿生靴說不定能變成一種專為速度打造、與人體互通的外骨骼，讓我們跑得跟鴕鳥甚至獵豹一樣快。

多年前我就畫好的原型，希望有朝一日一切都會成真。我希望它是一套全電動防護衣，配戴有速度、距離、系統功率輸出等讀數。這就是我對未來運輸所抱持的仿生概念。◙

仿生靴說不定能變成一種專為速度打造、與人體互通的外骨骼，讓我們跑得跟鴕鳥甚至獵豹一樣快。

X10 (rev.)-2010—改變外骨骼造型。這副更先進的架構不再使用鋁管作主要支撐，改以特殊形狀的金屬增加強度。

X11-2011—首次以碳纖維打造全副外骨骼，且塑型時依據了我個人的腿部解剖。主要槓桿把彈簧拉開時，這副骨架便把力量傳導到靴子上。

X12- 2012—減輕了碳纖維槓桿與腳趾的重量，但因跑步時的受力而損壞。腳趾在崎嶇地形上的行動力倍增。

X14- 2014—使用較長的橡膠彈簧提供功率。挖空的鋁槓桿能提供強壯而穩定的機械零件。恢復使用較輕的單一腳趾。

HELPING HANDS

力量並非來自肌肉，而是來自互助合作；所謂團結就是力量。我很清楚箇中道理，因為我生來就不是席維斯·史特龍（Sylvester Stallone）那種類型。

12年前那場液壓機事故後，我就一直戴著這隻讓我以肌肉感測器來控制的電子義手。市面上已經有更新的款式，只是非常貴。我從RSLSteeper的「智能仿生手」（bebionic），到奧托博克（Ottobock）的「米開朗基羅」（Michelangelo）仿生假手，每種都試過，但是這些就算是模型也要5萬美元。這是很有爭議的部分；同時，我最喜歡的那款健保並未給付。

剛開始我覺得心裡很不平，我認為自己並未從這個具有精密關節、碳纖維手指、各種抓速、14種不同抓握模式、配備肌電感測器的智能仿生手上，獲得任何助益。後來我才逐漸體會到，都是因為這十幾年來的科技研究與世界首見的健

伸出援手
我如何為自己打造
3D列印仿生手。

文：尼可拉斯·胡學　譯：謝孟璇

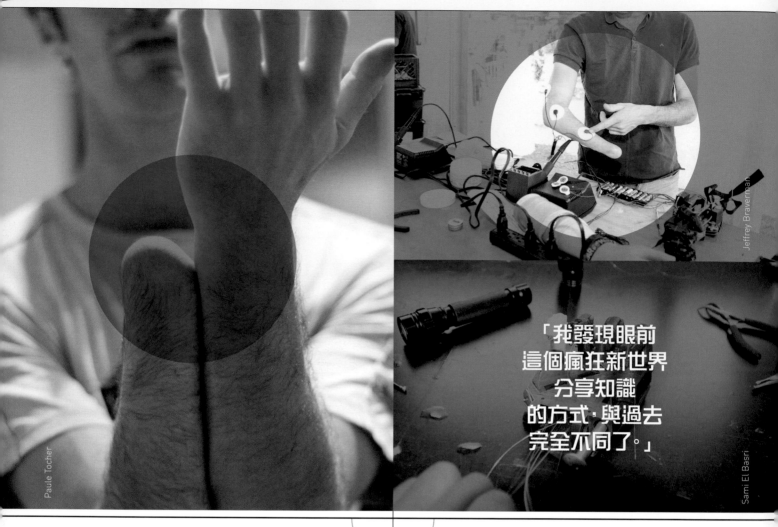

「我發現眼前
這個瘋狂新世界
分享知識
的方式,與過去
完全不同了。」

Paule Tocher

Jeffrey Braverman

Sami El Basri

保,我才能如此幸運地擁有手邊這個輔具。不過,那些無法購買仿生手的人又該怎麼辦?

還有幾個選擇。採用3D列印、有關節連接、且開放原始碼的另類義肢就是其中一個。現在有許多大學、FabLab,甚至是公司,都開始投身填補這些空白。位於加州的「不無可能實驗室」(Not Impossible Labs)便是其一,他們根據Robohand的開放原始碼,打造出輕量級的3D列印義手;而Robohand在Thingiverse網站上已經有高達9,000次的下載,可見其受歡迎程度。另有一個較為鬆散的義工組織,名為e-NABLE,參與其中的人還包含了Robohand的兩位創辦人,伊凡·歐文(Ivan Owen)與李察·凡艾斯(Richard van As),這個組織厲害的地方是提供8種不同的設計,並且附上如何製作的影片教學。另外還有來自法國、同樣是開源、並用3D製造的InMoov機器手。這個設計也成為賓州17歲的安娜雅·克利忒斯(Ananya Cleetus)的設計──「好幫手」(Help is at Hand)的原型,她甚至有機會把這個成果帶到白宮的科學博覽會去展出。「開放生物醫學組織」(Open BioMedical Initiative)這個非營利組織也在自行研發幾款開放原始碼的義肢,「開放原始碼義肢計劃」(Open Prosthetics Project)已經分享了10幾種設計、製作方式與建議。

這只是其中幾例而已。但當時的我,完全不曉得有這些資源;我連3D列印都沒聽過。

2012年10月時,我住在法國雷恩市(Rennes),有日我散步經過一個展覽,裡頭的機器很奇怪,連同好幾層材料展示在平臺上,有點像是科幻小說裡的東西。那些就是3D印表機。

我走進去後開口問:「不好意思,能不能用這個做出機器手?因為我有一隻義手。」通常人們注意到我的行動不便時,往往會試著不要盯著我看或問我發生了什麼,但這些人的反應截然不同。他們非常雀躍。他們想知道這要怎麼用。「我們可以從Thingiverse網站下載機器手,然後用這臺3D印表機列印零件,」有個人說,「這個InMoov機器手是用Arduino控制並且是開放原始碼。」

雖然我聽不懂他們到底在說什麼,但是我懂他們的意思,那就是設計出一隻價格低廉的仿生手不是不可能的,你可以自行製造然後分享你的成果,這樣其他人也能加以改善,並再分享出去。我發現眼前這個瘋狂新世界分享知識的方式,與過去完全不同了。我開始以不同的眼光看事物,這是屬於我的革命,我的改變。

幾個月後,也就是2013年2月,我們與雷恩市的FabLab推出了全新的計劃項目。那真的是跨國的努力:法國雷恩製

Thomas Mortier

Miguel Templon

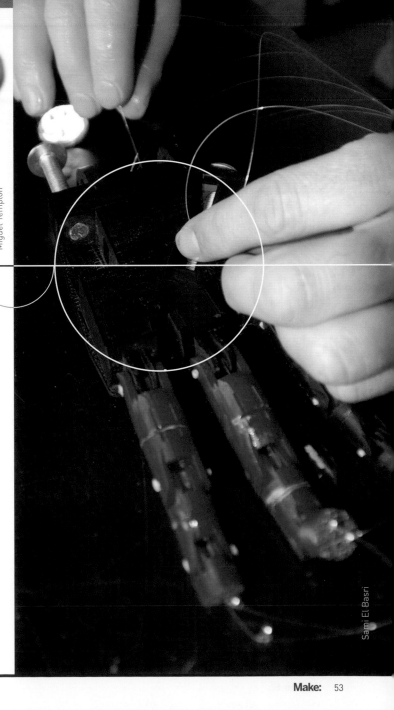

Sami El Basri

造的手指，美國製造的肌肉感測器，巴西負責的外型設計。

　　這隻仿生手是以3D列印的手為基礎，搭載致動器以控制手指與關節移動，再用釣魚線將致動器連接關節、肌肉感測器、肌肉感測器放置的凹槽、電池與Arduino。它的製造成本大約在250美元左右。

　　這比一般義肢的售價——大約8,000美元到80,000美元不等——便宜太多了。10幾年來，一間名為奧托博克的德國公司是這相對小規模市場的主要龍頭。到了2003年，仿生義肢公司Touch Bionics出現了，開始打造手指關節能連動的智能義肢。然後有了RSLSteeper釋出三版本仿生義肢中的第一版。接著，美國國防部國防高等研究計劃署（DARPA）也努力推進，因為在伊拉克與阿富汗受傷的軍人人數逐漸增加的緣故。這些裝置的幾個共同點，就是它們都有關節，且提供不同程度的自由度。

　　低價的仿生手若要能與醫療程度的義肢匹敵，就必須擁有幾項強處。首先它必須耐用、夠輕量、有對生拇指。它至少要能張開到足以拿起一杯咖啡或水瓶，然後至少能圍起到足以捏住一枚硬幣、一支筆或耳機線。它必須能行使側面抓握的中立姿勢，像握住一支鑰匙，以及手掌向下，像抓住一個行李箱。它要做出一些有意思的設計，美學上也要吸引人。

　　但在這之前，我們需要的是一個原型。我與FabLab雷

Sami El Basri

尼可拉斯・胡學
nicolas huchet

從事音訊教學，包括現場錄音與Pro Tools混音等數位音訊軟體。他也愛製作音樂、打鼓、四處旅行。如果你想加入他的行列，請造訪 bionico.org。

恩的夥伴們一起合作，使用3D列印塑膠、一些釣魚線，以及一個雀巢巧克力粉的紙盒來製作。在2013年6月於雷恩市舉辦的「你能想像嗎？動手打造！」（Tu Imagines? Construits!）嘉年華上，與InMoov創造者蓋爾・朗爵凡（Gael Langevin）共同展示第一份原型。

從那時起，事情就一帆風順。我們獲邀參加歐洲的羅馬Maker Faire；我學會如何使用3D印表機，我們做出第二個略微改善的原型。我們也獲邀參加在俄羅斯聖彼得堡舉行的Geek Picnic科技嘉年華，然後我們把第三版原型帶到紐約參加世界Maker Faire。

一次又一次，各地的人們都問了同個問題：那是什麼？

那是現在的世界非常需要的輔助裝置。在美國，健保也許可以支付義肢費用，但在哥倫比亞共和國，他們只會給你一根鉤子；而俄羅斯則什麼也沒有。西班牙的狀況也很折磨人，小孩也許可以有義肢用，但通常因為價格的緣故，大人不會買給他。更別提新興國家了。

如今，仿生手還不夠穩定到足以取代義肢，現在我們有的只是原型，但光是這樣，我們已經以經濟自給的志工身分旅行世界。接下來我們該做些什麼呢？也許我們可以籌備一場群眾募資活動，尋找那些與我們有志一同的贊助者，希望把世界變成世人能共享健康的烏托邦。最重要的，我們希望打造出一座全世界網絡與資料庫，持續發展價格低廉的義肢。義肢的領域其實非常小，但如果我們能持續在世界與人們間搭起橋樑，我們就能讓它變得更好、更堅強、影響更遠、更即時。如同美國哲學家席維斯・史特龍所言：「健壯的手臂可以移石，但堅定的話語足以移山。」 ◐

Miguel Templon

UNDERWARE 皮下穿戴式裝置

文：柏·摩爾　譯：MADISON

皮下裝置是最尖端的穿戴裝置科技。

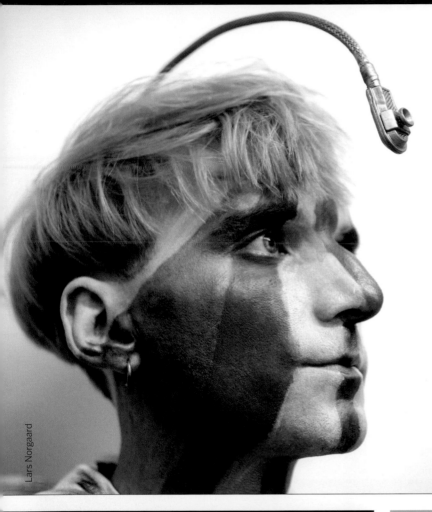

Lars Norgaard

穿戴式裝置很棒沒錯，但他們仍然是「身外之物」——必須穿脫、可能會不見、弄壞或被偷。穿戴式裝置有很酷的功能，但不能根本地改變我們的本質。有個小社群正在思考穿戴式裝置的另一種可能。這些自稱「生物駭客」的人們發明了DIY可植入系統，增強人的潛力，也超越了生物的極限。

常見的初階生物駭客裝置包括埋在指尖的釹磁鐵，可用來感測磁場、撿拾小物件，手中的無線射頻辨識（RFID）或近場通訊（NFC）晶片可以解鎖手機螢幕或和其他相容裝置互動。

還有些人正在挑戰更進一步的極限。

駭進聯覺系統

尼爾·哈比森（Neil Harbisson）是天生色盲。不只是紅綠不分，對他來說，整個世界都是黑白灰階。在頭上接上這個很像浮潛呼吸管的裝置後，哈比森可以「聽見」顏色。裝置上有一個小相機，能將可見光譜轉換成聲音，不同頻率對應不同顏色，再由一顆晶片將聲音透過頭蓋骨傳到耳朵。這個裝置和哈比森已經融合為一體，讓他可以被動地聽見聲音，甚至在夢中都能感受到顏色的聲音。

手臂皮下裝置

提姆·康南（Tim Cannon）2013年末在國外旅遊了90天，期間進行運動、從事水下活動，除了手臂皮下植入了一個智慧手機大小的裝置以外，生活沒什麼不同。這個裝置可以無線充電，如發光生物般在皮膚下發光，並將康南的體溫資料傳送到他的手機。

他已經證明這個裝置的可用性，康南和「濕體刑場」（Grindhouse Wetwares）生物駭客社群正在合作測試新的電池和電源，以改善效率，並希望能傳送心跳速度、血氧量等其他人體相關資料。

Andrew Obenreder

耳內裝置

瑞奇·李（Rich Lee）在手指上植入了磁鐵，但這還不夠。2013年，李將兩顆磁鐵植入他的頭，兩隻耳朵的耳屏各植入一顆磁鐵。在脖子上戴上手工製作的放大器後，他就可以透過耳朵的磁鐵聽音樂。MP3播放器的音樂訊號透過線圈形成電磁場，讓磁鐵震動、播放音樂。

李的線圈和任何可以插入耳機插孔的裝置相容，像個金屬探測器。壓電接觸式麥克風讓他可以聽見牆後面的聲音，將線圈連接測距儀，則變成簡單的聲納裝置。瑞奇還把這個裝置和測謊、壓力分析和聲音辨識App結合，變成一套感知增強系統，彷彿蜘蛛人一般！

Rich Lee

文：趙珩宇　圖片：陳佩娟、趙珩宇、陳怡安

E-NABLE IN TAIWAN
用心做好義肢手

趙珩宇
師大科技所研究生，主攻科技教育，喜愛參與自造者社群活動，希望將自造社群的美好以及活力帶給大家。

運用3D列印、開放資源、結合專業領域為肢障者創造未來。

從分享開始

「希望能讓更多人了解3D列印輔具，並讓使用者主動的根據自身需求修改或設計適合自己的輔具來改善他/她的生活。」臺灣手創未來社群的發起人陳怡安在受訪時說道。

臺灣手創未來社群是一群有著共同夢想的志工所組成，目前在臺灣已有10多位志工一同參與研發、推廣自造手部輔具並為使用者進行組裝及配戴。來自不同領域及專業背景，這些志工包含職能治療師張開、國防醫學大學FabLab NDMC的創辦學生陳佳恩，以及專職3D列印教學課程或專精於3D掃描技術等領域的朋友們，他們一起在臺灣進行自造輔具的推廣與開發，同時也交流分享國外各類輔具的研發資訊，供有興趣的朋友們參考或下載試做。

臺灣手創未來社群發起人陳怡安畢業於紐西蘭奧克蘭大學生物工程系，並於2012年開始接觸自造者運動。在2014年偶然發現了使用3D列印技術進行輔具製造的國外公益社群e-NABLE

（enablingthefuture.org），認同其開源共創的理念而加入志工行列。因相信3D列印輔具對於需要的肢障朋友們在生活品質的改善上能產生極大影響力，因此於2014年12月成立Facebook粉絲專頁「手創未來」，希望能藉此在國內引發更廣泛的關注，吸引不同領域的專業人才加入參與研發推廣，並作為使用者與社群聯繫討論的管道。另因e-NABLE社群多以google+群組作為討論交流的平臺與媒介，「手創未來」粉絲專頁也不時會分享社群裡的新知以及最新研發進展。

交流與製作

臺灣手創未來社群成立不到一年，已接獲兩件個案需求，其中一件為e-NABLE社群配對小組轉介而來。由於泰國現階段並無當地的社群志工協助3D列印或製作等相關流程，因此e-NABLE社群即透過平臺委託臺灣手創未來志工團隊協助列印客製化的零件。

在製作的過程中，先由泰國曼谷Siriraj醫院的職能治療師為

使用者拍照測量兩隻手臂的尺寸，臺灣手創未來志工團隊再以照片為基準確認非患部之手掌掌寬及手臂長度等尺寸（圖1），並將測量數值與原始模型進行比對後，縮放調整零件模型的大小長寬再列印出寄送到泰國，提供職能治療師為他的個案進行配戴。

由於e-NABLE社群的宗旨，是希望透過平價且容易取得的物料及製作方式提升使用者的生活品質，因此社群目前提供的款式皆以3D列印技術為主（圖2），結構運作上也採用較為基本的繩線牽引機制（圖3）。目前e-NABLE社群提供的輔具款式共有8款，以滿足多數使用者不同的狀況與需求。這些款式分別為「歐文替代手指（The Owen Replacement Finger）」、「歐弟（The Odysseus Hand）」、「鐵龍（Talon Hand 2.X）」、「RIT手臂（The RIT Arm）」、「賽博比斯（The Cyborg Beast）」、「軟材手臂（The Flexy Hand）」（圖4）以及「動力手臂（The Limbitless Arm）」，而賽博比斯後續則改良為「雷普特（Raptor Hand）及雷普特改良款（Raptor Reloaded）」等8款輔具，現階段最常使用的則為雷普改良款。

臺灣手創未來志工團隊也同樣在國內協助個案進行輔具的製作，在材質、需求與設計上也提供不同的客製化選擇與配戴方式。近期開始測試e-NABLE社群最新開發的軟材手臂，讓使用者能有更直覺式的輔具操作，而另一款於今年6月推出的K-1款式（圖5）則更為美觀輕巧，e-NABLE社群亦將於近期開放提供使用者進行選擇與配戴。e-NABLE社群除了開發多款輔具貼近使用者需求之外，也在美國超過20間中學學校進行3D列印輔具展示與教育課程，讓年輕的學生們能了解3D列印技術以及他們能為身邊的肢障朋友們所做出的貢獻。

而臺灣手創未來社群也歡迎有需求的使用者偕同職能治療師一起來了解並試戴，在初次配戴時建議以15分鐘為上限進行試戴，之後再逐漸練習延長配戴時間，以訓練不同操控部位之肌肉群同時避免肌膚受力產生摩擦受傷。另為避免使用不當受傷，這些輔具款式也暫不提供給3歲以下

的使用者進行配戴，建議待其肌肉發展完成後再透過相關職能治療單位進行輔具之使用評估。

從製造到自造

近年來由於自造者運動的發展，愈來愈多人為解決自己生活起居中遇到的困難，參與各類輔具與穿戴裝置的設計、開發與製作。考量使用者安全與實用性，自行製作的輔具在列印品質、組裝流程與成品測試上仍有許多待加強的地方，這也是e-NABLE社群及許多投入自造輔具開發的團隊在未來必須投入更多心力的細節。

而在使用者的心態與接受上也存在不同國情的差異。美國由於近幾年的戰爭導致許多因戰爭而失去支幹的傷患，因此對於相關輔具的推廣投入較多的資源與關注，而一般大眾的接受度也較高。但在臺灣則以先天性或意外工傷案例較多，因此推廣時除了顧慮安全性與品質上的挑戰，如何讓更多有需求的使用者能接受配戴輔具，並讓他們了解能夠透過自身的力量改善自己的生活，則是未來發展上還需努力的方向。

對於臺灣手創未來社群的發展，則是希望透過社群平臺的建立，讓更多人能夠了解OT（職能治療師）與自造者間可連接交流之合作關係。並吸引更多不同專業背景的人才一同投入這個領域。例如近年研發進展快速的電子機械輔具手臂，即需要各種電子、電控及程式設計人才投入研究，才可開發出完整、安全且實用的肌電輔具手臂。對於社群志工及使用者而言，最希望看到的還是輔具使用者本身一起參與設計與製作，唯有使用者才最了解自己的需求，進而設計或改良出最適合自己的款式，同時使用者也能從被動的接受他人協助，轉為主動的發現並解決問題以改善自己的生活品質。而臺灣手創未來社群也會持續推廣，分享國外最新的相關訊息並協助更多國內的使用者。 Ⓝ

＋手創未來粉絲專頁：www.facebook.com/enabletaiwan?ref=ts&fref=ts

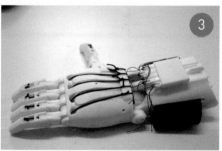
較受歡迎的雷普特改版，主要使用繩線牽引。

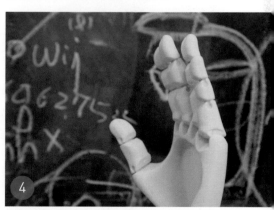
軟材質手臂，關節處使用橡皮列印材質，因此可以自行彈回原始形狀，可減少製作時纏線之困難（目前尚在開發中）。

新開發款式。外型較修長、美觀，將棉繩藏於手臂內，使外觀更乾淨俐落。

SPECIAL SECTION

SPECIAL SECTION

開放原始碼智慧手錶
用現成零件和分線板打造
低功率手錶。

OPEN-SOURCE

文：強納森·庫克 譯：**MADISON**

時間：
20~40小時

成本：
75~125美元

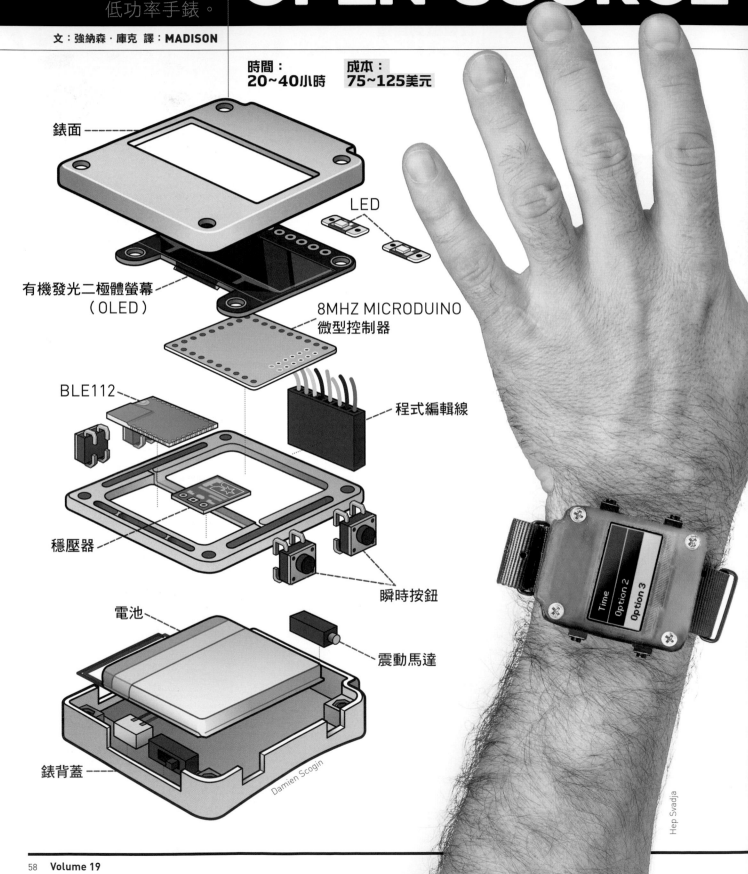

錶面

LED

有機發光二極體螢幕
（OLED）

8MHZ MICRODUINO
微型控制器

BLE112

程式編輯線

穩壓器

瞬時按鈕

電池

震動馬達

錶背蓋

Damien Scogin

Hep Svadja

Time
Option 2
Option 3

SMARTWATCH

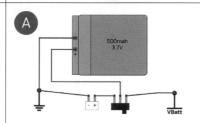

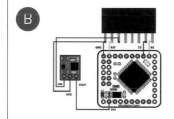

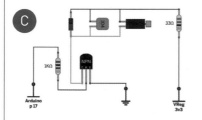

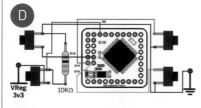

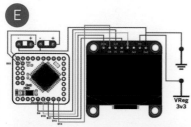

結合了市面上可買到的分線板、精細焊工和3D列印外殼，我的開放原始碼智慧手錶不但獨一無二，可以顯示智慧手機收到的通知，還能輕鬆自訂外觀和功能。

手錶的設計很簡單，由4個主要部分組成：充電電路、靜音時能震動通知的震動馬達、可用程式編輯的Arduino相容核心（可調節電壓與擁有藍牙低功耗技術），以及有機發光二極體（OLED）螢幕和按鈕。

用麵包板製作雖然也很容易，但要把所有的線路擠進手錶這麼小的空間就要花些功夫。準備好你最精細的焊鐵，依照oswatch.org上的步驟完成焊接。

充電

一顆3.7V 500mAh鋰聚合物電池接到一顆JST連接器和一個兩段式開關。開關切到右邊時，電路進入電池模式，切到左邊時可以透過JST連接器為鋰聚合物電池充電（圖 Ⓐ ）。

可程式核心

3D列印外殼中的8MHz Microduino微控制器連接一個程式連接埠、一個用來與智慧手機或其他裝置溝通的低耗電藍牙電路板，以及一個電壓調節電路（圖 Ⓑ ）。

震動馬達

簡單的震動馬達電路板由一顆二極體、1k和33Ω電阻、電容、NPN電晶體和馬達組成。這個電路板會連接到Microduino微控制器，智慧手機來電或是收到通知時便會震動（圖 Ⓒ ）。

按鈕和 OLED 顯示器

4顆瞬時按鈕連接到Microduino微控制器中的3個上拉電阻和一顆外部10k下拉電阻（圖 Ⓓ ）。

OLED螢幕和兩顆小顆LED直接連接Microduino微控制器的7個數位接腳，以顯示時間、文字、通知等訊息（圖 Ⓔ ）。 ◢

材料

» Microduino-Core+ 微控制器模組，8MHz、3.3V，ATmega644PA 或 ATmega1284P，microduino.cc。
» 電壓調節器 3.3V：Pololu 網站商品編號 #2114，pololu.com。
» 震動馬達，Pololu 網站商品編號 #2265。
» 輕觸開關，瞬時按鈕（4）：Adafruit 網站商品編號 #367，adafruit.com。
» OLED 螢幕：Adafruit 網站商品編號 #938。
» 鋰聚合物電池，3.7V 500mAh：Adafruit 網站商品編號 #1578。
» 電源開關：Adafruit 網站商品編號 #805。
» JST-PH 2 接腳連接器：Adafruit 網站商品編號 #1769。
» 細電線：Adafruit 網站商品編號 #1446。
» LED 片：Adafruit 網站商品編號 #1758。
» Micro-USB 鋰聚合物充電器：Adafruit 網站商品編號 #1304。
» 母頭跳線：Adafruit 網站商品編號 #266。
» 公頭跳線：Adafruit 網站商品編號 #758。
» 低耗電藍牙：貿澤電子 #603-BLE112-A，mouser.com。
» 錶帶：Amazon 網站商品編號 #WS-NATO-BB- 22M，amazon.com。
» 3D 列印組件檔案：可到 oswatch.org/3d_printing_build.php 免費下載。
» 電阻，10kΩ、1kΩ (1) 和 33Ω (1)
» NPN 電晶體
» 0.1μF 電容
» 二極體

工具

» FTDI Friend 程式編輯器：Maker Shed 網站商品編號 #MKAD22，makershed.com，或類似的FTDI-USB程式編輯器也可。
» CC Debugger 除錯器：德州儀器 #CC-DEBUGGER，用來編輯藍牙晶片。
» 個人電腦：藍牙程式僅能在個人電腦上執行。
» Arduino 微控制板：多準備一塊用來燒錄啟動程式和除錯。
» 控溫烙鐵
» 粉芯焊錫
» 通量管
» 細剪線器 / 剝線器
» 旋轉刀具
» 砂紙
» 氰基丙烯酸酯（CA）膠：又名強力膠。
» 快乾環氧樹脂
» 三用電錶
» 鑷子
» 吸錫器
» 夾臂
» 麵包板

強納森 · 庫克
Jonathan Cook

白天是產品經理，晚上是駭客，有時也是藝術家。自從學會拿筆和使用烙鐵開始，他就不斷結合自己對科技和創意的熱愛創造新作品。

請上makezine.com/open- source- smartwatch看逐步教學。

迷人的科技時裝設計

CAPTIVATING COUTURE

從心情偵測顯示器到璀璨燈光秀，
一睹未來時尚潮流。

文：馬德絡·考登 譯：MADISON

發光服飾是穿戴式科技潮流中較「顯而易見」的分支之一。不難想像，幾吋的冷光條就可以吸引眾人目光，為你的穿著增添立體感。不過跟下面這些美麗的作品比起來，冷光線也要黯然失色。有些作品充分表現極簡的美學，也有些作品以浮誇華麗取勝。注意：重點不是光多亮，而是多有型。◢

Andras Schram

Andras Schram

Jeff McDonald

PROXIMA

蘿拉·丹普西（Laura Dempsey）、漢娜·紐頓（Hannah Newton），SAIT RADlab
makezine.com/go/proxima

結合穿戴式裝置和互動式裝置的概念，這件女舞者夾克可以根據男舞者身上穿的RFID晶片產生光線變化。當男舞者繞著女舞者移動，燈光會也會隨之移動——男舞者愈近，發光的LED數愈多。

科技領帶1.0

傑夫·德波耳（Jeff de Boer）、葛藍·麥基（Grant McKee）和夏儂·胡佛（Shannon Hoover）
makefashion.org/tech-tie

這條科技感十足的領帶絕對能吸引路人目光。Seeed的Xadow控制板控制16顆連成一圈的小OLED螢幕，形成不同的動畫。正在開發中的1.5版將改採電子紙技術，配備更多功能，包括控制智慧手機。

星雲墜子

弗拉德·拉夫洛夫斯基（Vlad Lavrovsky）
makefashion.org/nebula

為什麼非得靠環境燈光才能讓你的珠寶閃耀呢？集成導線加上高功率LED，讓星雲墜子在肌膚和服裝上散射色彩繽紛的光芒，是耀眼獨特的珠寶飾品。

突觸洋裝
阿努克．威柏徹特
（Anouk Wipprecht）
vimeo.com/106431614
這件3D列印洋裝可以透過感測器測量注意力程度和心跳，並透過LED的發光顯現出來。偵測到的數據以及控制板上網路攝影機所錄下的影像將會被記錄下來，用來觀察情緒和專注力的變化。

GER心情毛衣
Sensoree
sensoree.com/artifacts/ger-mood-sweater
這件毛衣以皮膚電阻感測器連接穿戴者的手，讀取穿戴者的興奮程度，用領子上的變色LED表現心情。

Roger Dyckmans

Audrey Love

光纖洋裝
娜塔莉・威爾許（Natalie Walsh）
製作教學：instructables.com/id/Fiber-optic-dress
受到水母的啟發，這件美麗、蓬鬆的洋裝用360根剪成不同長度的光纖，創造出層次感。網路上可以買到完整套組，你也可以依照製作教學網頁説明自己製作。

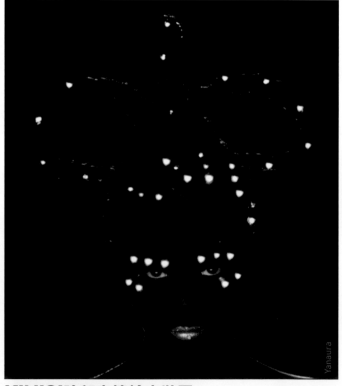

Yanaura

KINISI臉部表情輸出裝置
卡蒂亞・維加（Katia Vega）
makezine.com/go/kinisi
臉部表情也可以當成輸出介面？眨眼、微笑或挑眉，都可以啟動連接臉部肌肉的感測器，傳送資料到控制LED的微控制器，讓臉上和頭髮上的LED燈發出不同的光。

發光頭飾
LCH設計公司
liteweave.com

戴上這款手工光纖發光頭飾，不管走到哪裡都是眾人焦點。

DRAPER 2.0
LumiLabs
製作教學：makezine.com/go/draper

LumiLabs光線設計公司設計了這條幹練的西裝口袋方巾，低調地引人注目，又不失穩重和經典的風格。

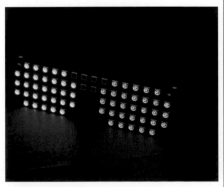

LED矩陣眼鏡
Macetech
macetech.com

這副LED矩陣眼鏡比肯伊·威斯特（Kanye West）的百葉窗眼鏡更厲害。與Arduino相容，有線上文件可用，可依喜好自行寫入想要的資訊和樣式。

銀河洋裝
CuteCircuit
cutecircuit.com/collections/the-galaxy-dress

芝加哥科學工業博物館委製的銀河洋裝，一張照片不足以表現它的美。預先用程式編輯好的LED光樣式，透過24,000顆手織上去的全彩LED流瀉出來，是全世界最大的穿戴式顯示裝置。

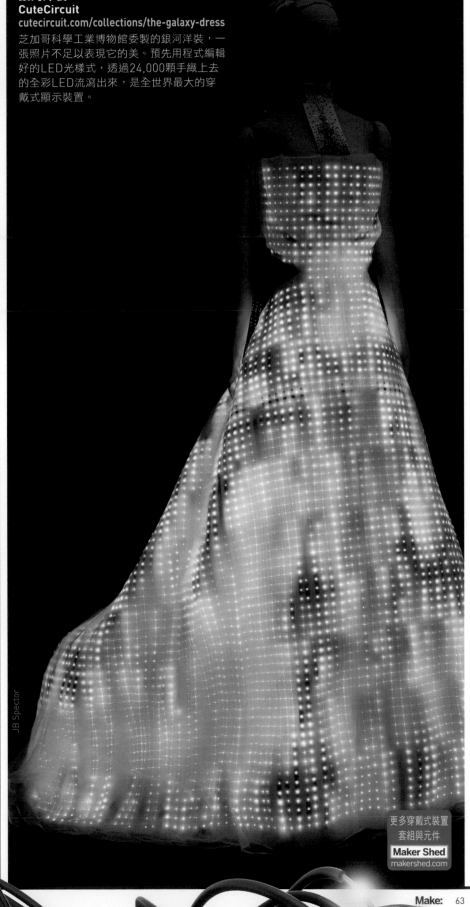

JB Spector

更多穿戴式裝置套組與元件
Maker Shed
makershed.com

MIND-READING BEANIE
讀心毛帽 文：艾歐・弗雷門 譯：MADISON

自製能讀取腦波並轉成不同LED燈光的腦電波帽。

時間：
一個週末
成本：
100～130美元

材料

» 雙層針織寬反折毛帽
» 薄銅箔片
» 導電不織布
» 高密度泡綿
» 銅箔膠帶
» 抗風雨膠帶，寬 1½"
» RG174 絕緣線，電極用
» 心電圖電極按扣
» 小型可黏式含按扣電極，一次性：如 SparkFun SEN-12969。
» Neurosky ThinkGear 特殊應用積體電路模組電路板：可用 Mindflex 耳機改造。
» Flora Neopixel RGB LED（4）
» TinyLily Arduino 相容微控制器
» TinyCircuits mini FTBI USB 轉接頭
» 彩色熱縮套管
» 多用途透明金屬與布膠
» 厚紙板
» 白色細紗線：做毛球用（上網尋找教學資料）。
» 毛氈或超細纖維面料
» 縫紉線
» JST 連接頭電池延長線
» 3.7V 500mAh 鋰電池
» 雙導線按鈕開關
» 4 針腳連接器，公頭（1）和母頭（1）
» 0.5mm 絕緣導線，彈性且堅固
» KAPTON 膠帶或電工膠帶

工具

» 烙鐵、焊錫
» 剝線器
» 剪刀
» 縫紉針

想要「看見」你的腦部活動嗎？ 腦電圖（Electroencephalography，EEG）運用放在頭皮上的電極偵測神經突觸發出訊號時的電子變化，這些變化經過電腦放大，讓你即時觀察腦部活動。

用現成的 EEG 模組製作一個讀心毛帽，上面的 LED 燈光會隨著腦部的專注和放鬆程度改變顏色、變亮或變暗。你甚至可以用這頂帽子當做介面，控制你的電腦！帽子的邊緣和雙層針織可以蓋住電子元件，看起來就只是一頂舒適的毛帽。

原理

毛帽的核心是 NeuroSky 出產的 ThinkGear 特殊應用積體電路模組電路板（TGAM），連接到 TinyLily Arduino 相容微控制器（見第35頁）。TinyLily Arduino 相容微控制器會執行一支程式，將腦波活動轉換成四顆 NeoPixel RGB LED 的發光樣式。不需修改 TGAM 的軟體或硬體，只要將 ThinkGear 晶片透過簡單的機構連接方式整進電路板。

TinyLily 可以輕鬆透過藏在帽子毛球內的 micro USB 連接埠連接，讓你在電腦上用 Processing 等程式語言創造出互動式的「腦部藝術」。只要用 USB 連接到電腦（如果你能用藍牙製作讀心毛帽，也可以無線連接），匯入即時串行流至 Processing。接著自訂 Processing 的程式碼，讓「專注」和「沉思」程度控制顏色、透明度、動作、座標和旋轉等變數。

瞭解電極

EEG 裝置有兩種電極：從頭皮記錄腦波的 EEG 電極，和告訴 EEG 裝置何謂「沒有腦波活動」的參考電極（也就是基線）。我用銅箔、導電布、泡綿和導電膠帶製成的乾 EEG 電極製作帽子。乾電極可以提供不錯的訊號品質，又不會像傳統凝膠 EEG 電極那樣黏答答地。你必須確保電極牢牢地貼在你的額頭上，並且保持額頭乾爽。

動手做

這個專案需要焊接和部分裁縫作業。詳細的逐步教學請 makezine.com/go/eeg-beanie。

發光吧！

戴上帽子，將參考電極放在耳朵後面的乳突骨。將感應導線扣上電極，把帽子開關打開。帽子毛球中的 LED 會開始閃爍，表示 ThinkGear 晶片準備開始處理你的腦部活動。慢慢深呼吸放鬆，看看 LED 的顏色變化。試著專注計算困難的數學題，LED 會變成相反的藍色！ ◗

**艾歐・弗雷門
Io Flament**
是熱愛藝術、音樂和 DIY 電子裝置的神經科學生。
illumino.io

在 makezine.com/go/eeg-beanie 上有更詳細逐步教學和照片。

Io Flament

GET YOUR GIF ON

▼ 將動態GIF檔轉換成16×16 LED矩陣，還能穿在身上。

時間：
30～90分鐘
成本：
150～250美元

Hep Svadja

想把超大動態LED穿在身上嗎？有個簡單的方法——用Processing軟體、Arduino和Teensy微控制器，將動態GIF轉換成16×16 LED矩陣。我們本來是為了開發MeU Square矩陣設計出這個專題，不過你可以用它製作自用的NeoPixel LED網格。我們將它設計得很簡單，只需要用我們Github上的程式碼和函式庫github.com/MeULEDs。

1. 找一個 16×16 的 GIF 動畫

到Google圖片尋找喜歡的動畫，接著用搜尋工具縮小範圍。先選擇尺寸 指定大小 長寬都輸入16。接著到類型 選擇動畫圖片。

或是你可以用影像編輯軟體縮放手邊的GIF到16×16。

2. 將 GIF 動畫轉成 Arduino 程式

打開我們的Processing程式碼MeU_Square_GIF_Converter_Teensy.pde。它會自動將GIF轉換成Arduino程式碼。你只要選好GIF、選擇檔案名稱和目錄。

3. 配置你的 Arduino 草稿碼

在Arduino IDE開啟這份Auduino草稿碼。可以更改Metro AnimateTimer值，調整GIF播放速度，一般介於70至100間。數字愈小，動畫速度愈快。

你也可以調整setBrightness值，但別超過40！這些LED很耗電，16×16白色全亮就會耗掉15安培。除非你的矩陣是插在插座上供電，而且設計成15A的電流消耗，否則別超過40，不然會嚴重損壞裝置。

4. 上傳草稿碼到 Teensy

將Teensy接到電腦的USB孔，按下Arduino的上傳按鈕。如果Teensyduino正確安裝，應該會跳出視窗並且上傳草稿碼。就這樣。你的GIF動畫可以發光了！◢

材料

» **MeU Square LED 矩陣：** MeU Square LED 矩陣是一個新的開放原始碼穿戴式 16×16 RGB LED 顯示裝置，你可以將它固定在衣服上，2015年出貨。themeu.net

— 或是 —

» **Teensy 3.1 Arduino 相容USB 介面微控制器：** pjrc.com/ teensy 上賣 20 美元。
» **WS2812B 型 RGB LED（256）：** 如 NeoPixels、Adafruit #1655。你必須自行焊接或用鋸齒狀配置連接 LED。也可以用 60 顆的 LED 燈條（Adafruit #1138），或菊花鏈 4 個 8×8 矩陣（Adafruit #1487）。到 learn.adafruit.com/adafruit-neopixel-uberguide/overview 閱讀 NeoPixel Über 指南。
» **2,000mAh 鋰電池：** 如 SparkFun #8483。你也可以用電源供應器，不過要注意 LED 亮度（見步驟3）。

工具

» **Arduino IDE 1.0.5 或 1.0.6：** 可從 arduino.cc/ downloads 免費下載。
» **Arduino 函式庫：** 可從 github.com/MeULED 下載：Adafruit-GFX-Library、Adafruit_NeoPixel、Adafruit_NeoMatrix、SimpleTimer 和 Metro-Arduino-Wiring
» **Teensyduino：** 可從 pjrc.com/teensy/teensyduino.Html 下載。這是用 Arduino IDE 上傳程式碼到 Teensy 必備的外掛程式。
» **Processing：** 從 processing.org 下載。
» **Processing 函式庫：** 從 Github 頁面下載：controlp5 和 gif-animation。
» **專題程式碼：** 從 MeU_Square_GIF_Converter_Teensy.pde 頁面下載。

羅伯特・杜 Robert Tu
是互動式和反應式服飾公司MeU 的創辦人。他是一位電子工程師、設計師、IBM校友，畢業於多倫多滑鐵盧大學和安大略藝術設計學院。

在makezine.com/downloading-animated-gifs有詳細逐步教學和照片。

Shishi-Odoshi Fountain 日式噴泉鹿威

這種日式造水擁有懾人魅力——
還能嚇跑庭園裡飢腸轆轆的蟲魚鳥獸。

文：安德魯．泰瑞諾瓦　攝影：黑普．絲法加　譯：Karine

時間：
一個週末
成本：
50～150美元

材料

- **竹子，總長約 8' ～ 20'，直徑 1" ～ 3"：**見步驟 1 和 2。
- **潛水泵，小流量型：**每小時 80 加侖（GPH）以下。
- **水槽、水池或密封式花盆**
- **透明乙烯基套管，½"，長度 3' ～ 10'**
- **鍍鋅鋼棒，直徑 $^{3}/_{16}$"，長度 2' ～ 3'**
- **繩子，¼"，長度約 6'**
- **PVC 管，½"，長度約 1'**

工具

- **手鋸**
- **鑽孔器和鑽頭：**建議使用直立鑽床。
- **平底鑽頭或鋸孔器**
- **檯鉗**
- **弓鋸**
- **鐵鎚**
- **老虎鉗**
- **銼刀**
- **尺**
- **水平儀**
- **鉛筆或細頭簽字筆**

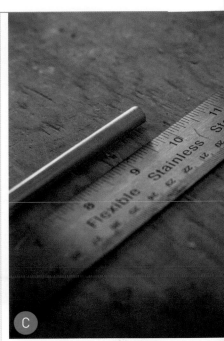

日文的鹿威（SHISHI-ODOSHI）有「嚇鹿者」之意。這種人造泉緩緩地蓄滿水，接著倏地傾倒——敲出一聲輕響，足以驅趕庭園裡任何的蟲魚鳥獸。許多禪風庭園也使用這種擺動式噴泉來輔助禪修。以下提供自製方法。

1. 篩選竹子

竹節會在竹子內部形成阻障。為了在內部配管，你需要找根筆直的竹子，其竹節較少，甚或沒有。而擺動的部件，則需要找竹節位於中點的竹段，這將會是蓄水竹筒的底座。

> **提醒：**竹材的使用上和規格木材不同，竹子表面不規則，其尺寸和形狀也因長度而異。要有依手邊材料調整作法的心理準備。

2. 決定尺寸

我製作了一個小型噴泉，安裝在直徑僅有8"的花盆內，大概使用了6到8英呎的竹子。馬弟·馬芬（Marty Marfin）在Make: 實驗室裡製作了一個3'高的噴泉（如圖），使用的竹子總長約20'。

無論你所設計的尺寸為何，上方橫桿會需要一個大直徑的竹段，2支嵌得進橫桿的立桿，還有一個也嵌得進橫桿且直徑較小的竹段做為出水口。

另選一個直徑亦相當大的竹段，做為蓄水竹筒。

3. 竹子的裁切與鑽孔

依立桿、橫桿所需長度取段。仔細丈量兩支立桿頂端的尺寸，以在橫桿上鑽出大小相對應的孔（圖Ⓐ）。

將第三個孔鑽在橫桿前側的中心點，尺寸須符合出水口的大小。記得為出水口的竹段預留一些長度，以便透過測試做最後的長度確認。

測試看看立桿和鑽孔尺寸是否吻合，接著在其中一支立桿下方近底部處鑽一個¾"的孔，以便配½"的管。我使用的是平底鑽頭，能鑽出乾淨俐落的孔（圖Ⓑ）。

取竹節兩側長度相當的竹段為蓄水竹筒。

4. 裁切鋼棒

使用手鋸鋸下一段³/₁₆"的鋼棒，用以架於立桿間，並在兩端各預留幾吋空間。這將做為竹筒的軸心。

取一段較短的鋼棒，使之得以橫放於立桿間而不觸及兩端。這將用來測試注水水流（圖Ⓒ）。

5. 製作蓄水竹筒

在緊鄰著中央竹節的後方鑽一個⁷/₃₂"的孔，並穿過竹段中央。

將測試用的短軸穿進洞孔，並用檯鉗鉗住使軸棒垂直立起。接著以約30°的小角度切去竹子的一端，使其鋸面和地面垂直（圖Ⓓ）。先切一小段即可，之後可能還得再裁切。

6. 配管

拿½"的接水套管，從之前在立桿上所鑽的孔

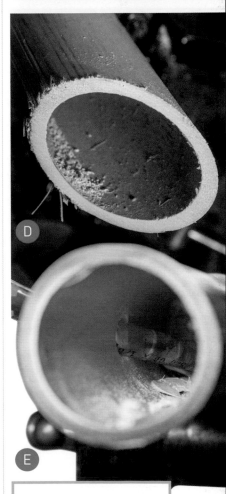

> **提示：**使用特長的鑽頭鑽孔——或是直接拿支鋼筋用鐵鎚去敲——來打穿阻礙配管的竹節。

（圖 E ）往上穿至橫桿，並由出水口拉出。你可以使用鋼棒或其他工具輔助配管。

7. 注水測試

決定竹筒架設於立桿上的確切位置是關鍵。試組裝一下竹製骨架，並暫時利用木棒或竹子輔助支撐。

必要的時候將接水套管多餘的部分剪去，並接上水泵。我使用的是有閥式水泵，可以限制部分水流。抽水的速度控制得愈慢愈好。

讓水泵運轉，同時調整竹筒擬架於立桿間的高度，測試運作情形（圖 H ）。為了讓水能順利注入，出水口和／或竹筒的長度可能需要做調整。

注意： 建議在室外進行水泵測試，以免水噴得到處都是。

---

8. 標記和鑽孔

找到竹筒最佳的架設點後，對準測試軸的位置，在立桿上做標記。

將骨架和接水套管拆卸下來，在標記處鑽 $^3/_{16}$" 的孔（圖 F ），再重新組裝。

9. 安裝竹筒

將軸棒穿過其中一支立桿，視需要使用鐵鎚輕敲輔助穿棒。取兩段直徑小的短竹，它們將拿來固定竹筒的位置，限制其左右滑動的空間。先在軸棒上套上一短竹段，接著穿過竹筒，最後套上另一短竹段（圖 G ）。

現在將軸棒另一端完全穿過另一支立桿。想要

的話，可另取兩段短竹，套上軸棒露出的兩端，更有整體感。

10. 製作敲擊底座

有的傳統造水裝置，是藉由竹筒垂下時所敲擊到的石頭或是盆緣，來製造出足以嚇跑鹿隻的聲響。

此設計利用細綁於下方的橫桿為底座，當竹筒往回傾時，會因碰撞到橫桿而發出聲響。經測試確認欲安裝的位置後，使用細繩綑綁加以固定（圖 I ）。

11. 偵錯與微調

測試水流和竹筒的擺動情形，必要的話調整出水口的角度。我當時發現，出水口內部必須裝上一小圈 ½" 的 PVC 管，才能導正接水套管的角度，使水順利流出。每個人遇到的狀況可能會不同。

如果竹筒蓄滿水時不會往前傾倒，代表竹筒的後端過重，可能得稍做裁切來調整平衡。

若竹筒在水排出後未擺回原本位置，則代表前端過重。裁減前端的長度，或者是在後端的內部加上一些重量。

接著將你的擺動式噴泉安設於庭院中，營造出一個人和花草都能共享的寧靜空間。

+ 感謝加州塞凡堡的「魔幻竹源」（Bamboo Sourcery）（bamboosourcery.com）提供竹子和拍攝地點。

在 www.makezine.com.tw/make2599 13145 6/194 上有更多照片和製作小技巧，跟我們分享你的成品吧。

安德魯・泰瑞諾瓦
Andrew Terranova

是名電機工程師兼作家，嗜好是電子學和機器人科學。他是「自造機器人」（Let's Make Robots）社群的活躍成員，曾到小學裡講授機器人科學，並且為紐澤西桑莫塞郡兒童博物館策劃機器人展覽。

文：安立奎・得波拉　譯：Karine

DIY
"Magic Shell" Chocolate Dip
自製巧克力脆皮
短短幾秒，製作出神奇的酥脆口感。

時間：
5分鐘
成本：
5~10美元

食材
» ½ lb（250g）的黑巧克力，66% 至 72% 的可可，切碎
» 1 杯（200g）精製椰子油：非初榨或未精製。
» 6 Tbsp（125g）蜂蜜或無色玉米糖漿

要製作香濃脆口的美味巧克力醬，意外地簡單，只需要巧克力、椰子油和甜味劑。祕訣是運用椰子油所含的飽和脂肪酸遇冷凝固的特性。

我們很喜歡麥斯・法可維茲（Max Falkowitz）他使用頂級苦甜巧克力加上玉米糖漿的食譜（makezine.com/go/magic-shell）。於是我們自行製作以蜂蜜作甜味劑的版本，成果令人滿意。

1. 將全部的食材倒入瓷碗或玻璃碗。

2. 每微波加熱15秒，便取出充分攪拌，如此反覆進行，直到完全融化。

3. 置於室溫下，若混合不均勻，再多加攪拌。

4. 淋在冰淇淋上，或拿冰棒或甜筒沾取巧克力醬。

5. 靜待約30秒便凝固，或是待巧克力醬的光澤變暗即可。香脆可口！

安立奎・得波拉
Enrique DePola
是名陶瓷藝術工作者、滑板手和業餘廚師。原先任加州塞凡堡 Make: 的實習工程師，現在再次踏上旅途。

在 makezine.com/projects/diy-magic-shell 上有更多照片，並跟我們分享食譜和料理小技巧吧！

Hep Svadja

假面騎士模型製作
Model Making of Kamen Rider

栩栩如生、帥氣十足
的假面騎士駕到！

文、攝影：唐嘉穎

1a

1b

3

2a

2b

註釋：大腿需要比手臂包上多一層海綿，因 大腿比手臂厚實。

時間：
2~3天
成本：
約400新臺幣

唐嘉穎
出生於馬來西亞，畢業於新加坡南洋藝術學院動畫系，喜歡怪獸、假面騎士，經常用隨手可得的材料來製作東西。
www.facebook.com/
handcraftrider

材料
» 細毛根（9）
» 粗毛根（7）
» 海綿（1）
» 單面背膠泡棉板：多準備不同厚薄和顏色的泡棉板。
» 吉他弦
» 塑膠透明片
» 報紙
» 膠紙
» 布

工具
» 打火機
» 膠水
» 壓克力顏料
» 魔鬼氈
» 彩帶卡片紙

喜歡製作模型的我，看到《假面騎士Drive番外篇》裡出現的邪惡騎士「假面騎士4號」，就忍不住想動手做出這個造型好看的角色模型。製作模型所使用的素體不會太貴，假面騎士的造型也不算複雜，因此也適合初學者嘗試。不過仍有一些具挑戰性的地方，例如昆蟲的複眼和身上的腰帶，但只要小心雕琢，精細度和完成度都會大幅提升。

1. 製作素體
素體的製作非常重要，身體的比例必須拿捏正確，比例大約是7頭身，記得頭盔不能太大，各個部位的大小尺寸也不可馬虎。

1a. 首先是將毛根纏起來做成骨架。毛根的數量決定素體的硬度，毛根纏的愈多，骨架就會愈穩固且扎實。

1b. 然後在骨架上包上一層海綿，整個素體會更加硬挺，就像肌肉一樣。

1c. 包上海綿之後，在整個身體外再包上一層布。布的分配為：身體和雙腳用同一塊布，兩個手臂則各用一塊。把布黏好後素體就完成了。這些布就是騎士的衣服，之後會在布的外層加上護甲。

2. 製作手指
2a. 製作手指的方式是將比較細的毛根折成

手掌的形狀，一根毛根就能製作成一隻手掌。

2b. 手掌完成後就在手掌和每一根手指上包上一層布。手指一定要包細一點否則手掌會變很粗，比例失當，不甚美觀。

3. 裝上護甲
完成素體後，接著要裝上護甲。首先拿大片的厚泡棉板當作墊底，再加上比較小塊的護甲。一層一層疊加上去。最後在泡棉板的上面雕塑細節。

小祕訣：如果沒有厚泡棉板，或者想加厚護甲效果，可以將3片薄泡棉板黏合成一片，這樣就能做成一片非常厚的護甲。為了讓護甲看起來比較美觀，可以在護甲的黏合處（縫隙）黏上一層薄薄的報紙，這樣就能修飾黏合處不美觀的線條了。

4. 製作頭部頭盔
頭盔對於假面騎士來說就如同他的靈魂，是非常的重要的裝備。每個騎士的頭盔都有不同的特徵，當然也少不了那象徵性的複眼。

4a. 首先，將報紙包在一隻筆的一端，筆插入的地方剛好有一個洞，之後可以讓頸項插入。

4b. 將報紙包成一個圓形之後，再用紙膠帶均勻黏貼。將紙膠帶黏在報紙上時儘量不要讓紙膠帶有任何皺紋，如果不小心黏出了皺紋，

5a

5b

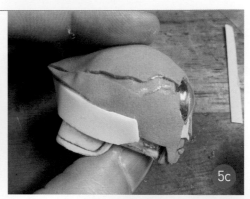

5c

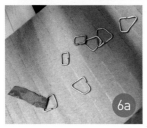

6a

6b

7

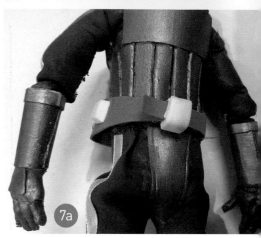

7a

可以撕一小段紙膠帶黏在皺紋上來掩蓋皺紋。用手撕紙膠帶會比剪刀剪斷來的美觀，效果更好。

完成這個步驟後就可以在頭上做裝飾了。

5. 製作複眼

5a. 先用一層紙作為墊底，然後在其表面黏上紗布網（使用一層紙做墊底的原因是為了讓複眼的內部看起來光滑，如同在發射光線一般）。黏上了紗布後，等膠水乾了就可以上色。

上色必須在黏上透明塑膠片之前完成，否則加上透明塑膠片後就沒有機會上色了。顏料方面我選擇壓克力顏料，並在紅色裡加入少許的銀色，創造複眼反光的效果。

5b. 完成上色並且確保顏料乾透後，就可以做透明的殼了。玩家可以使用打火機或者熱風機將透明塑膠片稍微加熱至軟化，然後快速的在塑料片硬化之前用圓形物體將其定型，再等待硬化就完成了。塑料片硬化後剪下所需要的形狀大小即可。

5c. 複眼完成後就可以開始製作臉部的細

> **註釋：** 在軟化透明塑膠片之前先準備好圓形物體，因 塑膠片很快就會硬。

節，材料都是卡片紙和薄的泡棉板。嘴巴的部分是直接用筆畫出來，然後剪一小片泡棉板做下唇。

5d. 製作頭盔的時候可以使用比較薄的泡棉板，因為薄的比厚的好控制一些，而且一層一層黏貼後，頭盔也不會變得很大。

6. 製作安全帶

了讓安全帶看起來更加逼真，我使用了鐵線。

6a. 首先是製作連接布與布之間的鐵環。用鉗子將細鐵線扭成想要的形狀，然後皮帶的部分可以用之前製作身體剩下的布，也可以使用緞帶，會更節省時間。使用布製作的話必須將布的邊緣向內折，不然布的邊緣會脫線，使用緞帶則不需要這個步驟。

> **註釋：** 鐵線的接口儘量不要在折曲處，不然整個鐵圈會不牢固。

6b. 捏好鐵線後就將每一段的布連接起來，將鐵線的鏈接處隱藏在布裡面然後黏起來，這樣就完成了手工安全帶。

6c. 了讓安全帶方便拆卸，可以使用魔鬼

氈連接安全帶與身體，之後還能設計更多不同的配件。

7. 製作腰帶

製作腰帶是使用一片薄的泡棉板做底，用厚的泡棉板做腰帶上的裝飾。

7a. 為了重現可以更換的腰帶，我沒有完全黏合腰帶的尾端，而是打一個洞，讓另一端的尾端可以穿過去，然後在尾端黏上一層卡片紙，讓它能夠固定在洞的位置。這樣，腰帶就能夠拆卸，可玩性大增。

8. 上色

8a. 完成腰帶後就可以上色了。上色的顏料一樣使用壓克力顏料。我發現，壓克力顏料有兩種，第一種上了色後材料表面會比較光滑，適合用來表現盔甲之類或者皮衣；另外一種顏料上色後表面會呈現非亮光面，這類的比較適合用來表達皮膚或者布料這些沒什麼光澤的東西。

因為泡棉板的表面會有很多小小的顆粒或孔洞，可以先在表面噴上一層透明膠水來填補這些小顆粒再上色，或者也能在泡棉板上先上2至3層的壓克力來填補這些孔

 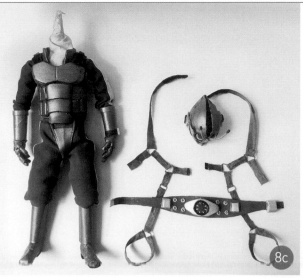 

洞。這樣模型近看才不會顯得很粗糙。

8 b. 一般上色時會先完成面積比較大的顏色，之後處理比較小的細節。

8 c. 將主體與配件都上色完成後，就要製作最後畫龍點睛的天線了。

9. 黏上頭部的天線

製作天線的材料讓我苦思良久，最後使用廢棄的吉他弦來製作，必須是鋼弦，而且是最粗、像彈簧的那一種。

9 a. 將吉他弦剪成的想要的長度，再插進頭部的泡棉板。天線必須有點彎曲，才會比較像昆蟲的觸鬚，也比較接近電視裡的樣子。天線頂端的小點點是用紙黏上去的。

9 b. 為其上色後就大功告成了。

這一次挑戰了比較昭和風的假面騎士，造型也很有初代假面騎士的味道，也融合了軍人的設計元素，讓這次的角色製作起來也非常的有挑戰性。過程中我嘗試了不同的新材料，例如吉他弦、鐵線和緞帶，這讓模型看起來更精緻更真實。我非常喜歡這次的作品，因為我不曾製作過昭和的假面騎士，讓我的收藏品中多了一個很有昭和味的假面騎士。

在www.handcraftrider.blogspot.sg/2014/12/16.html上有更詳細的步驟和製作圖片。

骯髒碗盤偵測器
Dirty Dish Detector

結合網路攝影機和即時電腦視覺軟體，
當水槽有碗盤堆積時發出通知。

文：尼克・諾莫、傑森・克里德納　譯：Karine

時間：
一個週末
成本：
140～170美元

傑森・克里德納
Jason Kridner

是名德州儀器（Texas Instruments）的資深員工，也是非營利基金會BeagleBoard.org的共同創辦人，致力於推廣嵌入式電腦的設計和開放軟硬體的應用。

尼克・諾莫
Nick Normal

是名來自紐約皇后區的藝術家和自造達人，也是藏書狂。在流動工廠（Flux Factory）藝文空間曾有五年的駐村經驗，是紐約市世界自造者嘉年華（World Maker Faire）的共同主辦人，致力於推廣宅拉松（geekathon）的一切相關事物。

家中是否常有人不洗碗，使得流理臺的水槽堆滿碗盤呢？你家裡或是自造者空間的廚房整潔是否需要加強控管呢？

「航髒碗盤偵測器」結合價格合理的BeagleBone Black單板電腦和羅技網路攝影機——再加上許多開放軟體——只要水槽裡一有碗盤，就會發出通知。關鍵在於免費電腦視覺軟體OpenCV的應用，可以協助辨識像是水槽或碗的形狀，並且能偵測其變化。

你可以在makezine.com/dirty-dish-detector專題頁面上觀看完整步驟教學。以下軟體為安裝教學：

1. BeagleBone Black 的組態設定

從 BeagleBone Black 的 MicroSD 記憶卡更新韌體至最新的 Debian 作業系統，包括 OpenCV 和 Python 函式庫（圖A）。

接著設定組態，使其能自動連上你的無線網路。

2. 3D 列印專用外殼（非必要）

你可以使用普通的接線盒，不過我們3D列印了一組創源（Logic Supply）的BeagleBone Black專用外殼，可以裝上USB集線器（只要稍微挖個洞）並接上網路攝影機。Github網站可免費下載3D列印檔（圖E）。

> **提醒**：如欲進行此專題，必需對指令介面有一定熟悉度，並且知道如何管理區域網路。若有寫程式（無論是PYTHON、PHP，甚至是HTML）的經驗，會很有幫助。專題頁面上詳列了所有的程式碼供參考，不過你可以依自己的喜好做調整。

3. 將偵測器裝設於水槽上方

可自行決定架設航髒碗盤偵測器的方式。安裝上會需要點技巧，端看水槽上方有無櫥櫃，其材質為何，以及欲監控的水槽數量多寡（圖B）。

將航髒碗盤偵測器設置於適當距離內，盡可能

A

B

水槽清空了！

C

D

材料

» BeagleBone Black 入門套件組：Maker Shed 網站商品編號 #MSGSBBK2。
» 網路攝影機，寬螢幕視訊：例如羅技公司的 C270。
» MicroSD 記憶卡
» USB AC 配接器，5V/3.6A
» M 型 AC 接頭
» USB 集線器，4 埠
» USB 無線網卡，Netgear G54/N150

工具

» 配有 USB 埠的電腦
» 熱熔膠槍
» 鉗子
» 3D 印表機（非必要）
» 束線帶
» 各種五金材料：用以架設偵測器。

E

使整個水槽區入鏡。安裝前，先測試網路攝影機的鏡頭和角度。

4. 執行 CLOUD9 並進行單板電腦的編程作業

BeagleBone 將自動連上你的無線網路。透過 Cloud9 IDE 介面連接偵測器，並使用我們所提供的現成 Python 指令稿，進行編程作業。

5. 擷取乾淨和髒亂的水槽圖像

現在開始「訓練」OpenCV 軟體的辨識功能。首先，執行指令碼 camera-test.py 來測試攝影機。接著執行指令碼 sink-empty.py，替空無一物的水槽拍張照（圖C）。如此便提供了基準圖像給 OpenCV 作為參考，在進行圖像處理時，可以比較是否出現了不該出現的杯子和骯髒的碗盤。

接著將一些碗盤放進水槽後，執行指令碼 sink-latest.py，再拍一張照片（圖D）。

> **提醒：** 精準的偵測系統需要充足的光線，利用廚房裡所有的燈光來測試，尋找最佳光線。

6. 設定通知和自動執行

在系統中建立比較基準——也就是乾淨的水槽——後，就可以設定程式，使系統每偵測到水槽變髒時，便會寄發電子郵件和/或多媒體簡訊通知。實際上，如此設定後，每當有任何狀態上的變更時，系統便會寄發通知，因此無論在水槽變髒或變乾淨的時候都會收到通知。

最後回到指令介面，寫入 crontab 指令，使系統每 5 分鐘便會自動拍攝一張照片。網路攝影機的 LED 狀態顯示燈會在每次執行指令時亮起。

現在你有個精力無限的夥伴，陪你一起抵制骯髒的水槽了！

你對於製作一個精力充沛又有紀律的骯髒碗盤偵測器有沒有別的想法呢？或許你構思了一組能融入廚房設計的專用外殼？甚至自製一個骯髒碗盤警探，不僅能對現行犯拍照存證，也能將照片上傳到推特以公開羞辱！上網到專題頁面分享你的創意吧。

完整的教學步驟、圖片、編碼、和相關連結，請上 www.makezine.com.tw/make2599 131456/197。

Hep Svadja

Maker Trainer R/C Airplanes

自造者訓練遙控機

文：路卡斯・威克利　譯：曾吉弘

和「自造者的飛機棚」系列教學影片一起學習如何製作及操控你的無線遙控飛機。

路卡斯・威克利
Lucas Weakley

正在安柏瑞德航空大學修習航空工程。他也在 lucasweakley.com 製作並販售飛機套件包。他已經獲得 AutoCAD 製圖認證、鷹級童子軍認證，也在 makezine.com/makerhangar 主持一系列的「自造者的飛機棚」（Maker Hangar）教學影片。

我覺得，每個人都曾經對飛機著迷過。 無論這樣的迷戀最後讓我們學會摺紙飛機，或是駕駛一臺真正的飛機，我們總是夢想著飛行。其中有許多人靠著無線遙控（R/C）模型飛機完成了這份夢想。

有許多玩具可以讓你有限度地操控飛行器，但是如果要全盤認識飛行的奧妙，你必須投入無線遙控社群裡一探究竟。接下來你便會開始嘗試一連串有趣的活動，像是特技、速度試驗、編隊飛行、作戰、滑翔飛行，以及空中攝影。

然而，要製作第一臺遙控飛機或許會讓你手足無措。你該選擇哪種馬達和變速器？要怎麼幫電池充電？什麼是 BEC，而且為什麼會需要它？到底要怎樣才飛得起來？

為了要回答這些問題，《MAKE》雜誌製作了一系列免費的簡單教學影片「自造者的飛機棚」（Maker Hangar），讓任何人都可以靠著它輕鬆進入遙控飛機的世界。「自造者的飛機棚」分為 23 集，有 3 種飛機製作教學，而且有超過 1,000 人以上的會員都會在社群裡分享照片、影片及各種知識。歡迎加入我們：makezine.com/makerhangar。

從影片學習製作與飛行

「自造者的飛機棚」系列影片內容涵蓋了電子無線遙控飛機的基本零件，接著示範如何製作、安裝並操控你的第一架教練機。只要按照影片中的步驟便可以逐步完成一臺適合空中攝影的三旋翼直升機、具備第一人稱視角（FPV，first-person view）攝影以及單純享受飛行的樂趣——詳情請參考下一期《MAKE》雜誌——你將擁有一臺短小精幹，可以增進飛行技巧的教練機。

想更近距離了解自造者訓練飛機並開始動手做嗎？請翻到下一頁！

Kent Weakley

自造者訓練機二代堅固耐用，
並且能帶給你無窮駕駛樂趣。
你可以照著「自造者的飛機棚」
系列影片逐步完成訓練機，開始飛行。

「自造者的飛機棚」：分集介紹

自造者訓練機
Maker Trainer
新手最可靠的選擇，擁有巨無霸體型與高負載量。

時間：
一個週末
成本：
280～300美元

材料

機體：
» 發泡板，R.L. Adams，
³/₁₆"×30"×20"（4）
» 夾板，⅛"×2"×2"：用來
安裝馬達。
» 冰棒棍（3）
» 內六角螺絲，M3×16mm
（4）
» 防鬆螺帽，M3（4）
» 推桿，36"×0.047"（2）
» 大型封裝膠帶：又名封箱膠
帶。
» 方形木釘，
³/₈"×³/₈"×36"（2）與
½"×½"×36"（1）

電子零件：
» 馬達，無刷外轉子，
1,800kV，NTM Prop
Drive 28-36 系列
» 馬達硬體，NTM Prop
Drive 28 系列
» 螺旋槳，6"×4"，APC
» 電子調速器，30A，
TURNIGY 的 Plush 系列
» 鋰聚合物電池，
2,200mAh 3S（2）
» 伺服機，微型9g（3或4）：
若你想要加裝方向舵，請準
備4個馬達。
» 伺服機擴充板，12"（2）
» 無線遙控發射器，四個頻道
以上
» 無線遙控接收器，四個頻道
以上

初代自造者訓練機全部使用標準無線遙控電子零件，且其大型機身讓內部組裝更輕鬆。飛行特性也是考量的重點之一——自造者訓練機臂展寬度達5英尺，所以它可以做長距離滑翔，載重也相當不錯。因為這架飛機又大又重，所以駕駛起來也更穩定，在微風中也能飛行；雖然對初學者來說，你或許會比較喜歡在無風時練習，藉此逐步降低反應時間與增加自信心。

這架飛機也非常耐摔：它有著雙層機身，更有木樑橫跨支撐住機翼兩端，且螺旋槳安裝在機身後方，即便飛機撞擊也能充分保護。

這臺大飛機的另一項重要考量點是：如何將它運送到飛行場地。為了運送方便，它的機翼可以折成與機身方向平行。這項特色可以大大減少機身占據的空間，讓它幾乎放得進任何車子的後座。

總而言之，若你希望你的第一臺訓練機堅固耐用，又不介意花一些時間與費用製作飛機的話，初代自造者訓練機將會是很棒的選擇。

> 觀看製作自造者訓練機的系列影片請上make-zine.com/makerhangar。

Lucas Weakley

更多有趣的無線遙控製作專題與套件組

布魯克林機坪飛行翼
它能在狹窄空間與亂流中自在翱翔，甚至可以用極靈活的機體乘載攝影機！詳細製作過程請參考makezine.com/the-towel或是在Maker Shed取得商品編號#MSFW1的套件組。

全向輪遙控機器人
我們的新製作專題：馬達驅動模組（#MSMOT02，makershed.com）讓你可以使用標準遙控齒輪操控各種裝置！請參考《MAKE》國際中文版vol.16〈遙控全向輪機器人〉文章，用Kiwi Drive機器人平臺製作出可以靈活地朝任何方向移動的機器人。

3D四旋翼機器人
這些無人直升機非常適合用在空中攝影或是精進你的遙控飛機駕駛技巧。它的3DR四旋翼套件組（#MK3DR01，makershed.com）提供APM自動駕駛器，可自行組裝；而已經組裝完畢的Iris（#MK3DR03）使用可進行程式設計的Pixhawk系統。

自造者訓練機二代
Maker Trainer 2
好玩、堅固、簡潔又容易製作的機型。

我們將最新型的自造者訓練機變得更小更耐操，且甚至比一代更容易駕駛。馬達仍舊被安裝在安全的後方，但是自造者訓練機二代（MT2）的體積與重量都只有自造者訓練機（MT1）的一半，所以它不需要摺疊，也更堅固，能承受撞擊。它不需要木頭支架，只要兩塊發泡板即可進行組裝。整個製作過程僅需數小時。

這架飛機也有驚人的飛行特性。KFm2-type階梯型機翼讓MT2完全不怕失速，且能自由控制飛速，從步行速度到到馬力全開的高速飛行都沒有問題。它能夠進行簡單的特技飛行，如筋斗，滾轉和平螺旋等。不過提到風阻影響，它的表現的確比它的大哥遜色一些。

1. 攤開藍圖

下載PDF檔，印出來，並把它們貼在¼"發泡板上。

2. 切割發泡板

把各個零件切開，並在發泡板上壓出刻痕來標出各控制平面。

3. 組裝機翼

用噴膠將兩個KFm2機翼黏合，對準翼梢與機翼前緣。用砂紙將前緣磨細。

4. 尾梁與機身

摺妥並黏合機身與尾梁。

5. 將整架飛機黏合

將尾梁黏到機翼，升降舵黏到尾梁，垂直穩定翼黏到尾梁，最後將機身與機翼黏合。

6. 塗漆

用聚氨酯為飛機塗上防水層，接著用膠帶貼出你想要的設計，再噴漆。

7. 安裝電子零件

安裝馬達並黏上伺服機。

8. 連接控制平臺

將控制桿裝到飛機的控制平臺上，再將它們連到伺服機。

9. 連接所有接線

將電子調速器與伺服機接到無線遙控接收器上對應的埠。

10. 設定無線控制器

確定所有控制平臺的運作方向正卻，且程度適當。

11. 飛吧！

調整重心，直到它能平穩飛行不會掉落，然後調整飛機的飛行高度。

自造者訓練機二代能帶給你極佳的飛行樂趣。它不但堅固，且對任何想學習駕駛遙控飛機的新手來說都是超酷的訓練機。自己做一臺吧！

觀看完整的自造者訓練機二代製作影片請上 makezine.com/makerhangar。

Smart Rat Trap

智慧捕鼠器

Arduino＋不顧一切＝21世紀的鼠輩控制法。

文：以撒・麥肯提、伊曼紐・麥肯提、亞當・麥肯提、艾力・麥肯提　譯：曾吉弘

我們住在一個充滿老鼠大軍的小島上。自從我們再也不樂見這群不請自來的訪客（尤其是毛茸茸的那種）所帶來的嚴重後果，我們便試著用活動式捕鼠器，希望在牠們溜進去時能順利捕捉。多年來，我們使用市售的捕鼠器卻老是捕捉失敗，讓我們理解到必須要做一個和老鼠一樣聰明的捕鼠器才行。

與其用老鼠看到就會躲開的封閉式籠子，我們用位於牠們視線外、由兩個釹磁鐵吊在空中的籠子。當紅外線測距器偵測到下方有老鼠時，會觸發兩個電磁鐵彈開吊掛用的磁鐵，讓籠子掉下來罩住老鼠。

過了幾年（對老鼠來說也一樣），我們的捕鼠器變得愈來愈厲害。Arduino 的執行軟體每10分鐘會重新校正一次敏感度。還有個用來顯示捕鼠器狀態的 RGB LED、抓到東西就會發出警報聲的蜂鳴器，以及一個方便攜帶的把手。

1. 製作籠子

1a. 標示合板

如切割圖來來標示出你的合板（圖 A ）。

1b. 鑽孔

使用孔鋸或平底鑽頭在底板上鑽出兩個 1 5/16" 的孔（圖 B ）以及在與籠子邊緣交叉處鑽出兩個 1 5/8" 的孔。

在籠子上方的中央處鑽兩個 5/16" 的孔，兩孔距離剛好就是感測器的發射器與接器的間距（大約 ¾" ）。接著在頂部鑽兩個 ¼" 孔，間隔 5" 並與感測器孔對齊，用來安裝盤型磁鐵。

1C. 切割合板

用線鋸來切出底盤、邊緣與頂部（圖 C 與圖 D ）（建議先鑽孔會比較好鋸）。再用 120 號砂紙磨得漂亮一點。

1d. 組裝籠子

用 7"×58" 這麼大的金屬網把籠子頂部圍起來，用釘槍固定好（圖 E ）。把金屬圓桶的另一端與籠子邊緣也用相同方法釘好（圖 F ）。如果你面對的是瘋狂的大嚼軍團，請在籠子內側釘上一小片隔板把感測器孔蓋起來。

1e. 塗漆（非必要）

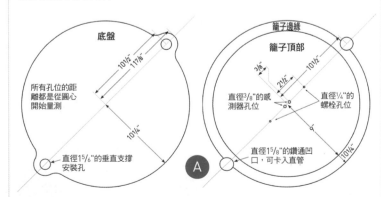

底盤 / 籠子邊緣 / 籠子頂部

所有孔位的距離都是從圓心開始量測

10½" 11⅞" 10¼"

直徑 1 5/16" 的垂直支撐安裝孔

3/8" 2½" 10½"

直徑 3/8" 的感測器孔位

直徑 ¼" 的螺栓孔位

直徑 1 5/8" 的鑽通凹口，可卡入直管

10½"

A

小祕訣： 想在合板上畫出完美的圓圈的話，在中心放一隻小鐵釘，再隨便拿一條電線，兩邊摺成鉤狀，這樣當你在畫圖時就能把鉛筆固定得很好。

伊曼紐 Immanuel
亞當 Adam
以撒Isa與艾力Eli
是自主學習的麥肯提（McKenty）四兄弟，喜歡玩音樂、寫作，外加搞電腦、電路還有他們自己。他們來自加拿大西岸的科提斯島，那裡氣候潮濕且鼠輩橫行。他們偶爾會把實驗結果放上 autodidacts.io。

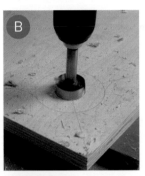

B

C

D

E

F

時間：
半天
成本：
50~100美元

材料

» Arduino UNO R3 微控制器開發板：Maker Shed 網路商品編號 #MKSP99，makershed.com。
» 迷你免焊麵包板：Maker Shed 網路商品編號 #MKKN1-B 或 MSBR1。
» 麵包板用的跳線（8）：Maker Shed 網路商品編號 #MKSEEED3。
» AC/DC 變壓器，12V，1A，中央為正極
» 電容，4,700μF
» 電阻，1kΩ
» 電阻（非必要），100Ω（1），50Ω（1）
» 電晶體，NPN，2N3904
» LED，共陰極 RGB（非必要）
» 喇叭，0.5W，32Ω（非必要）
» 繼電器，SPDT，5V DC，型號 HRS4
» 矽功率整流二極體，1N4001（2）
» 紅外線測距器：Sharp GP2Y0A21YK。
» 釹磁鐵，½"×⅛"，圓盤狀（2）
» 漆包線，30 AWG，70'
» 盤頭螺絲，#8（6）
» 六角螺栓，¼"×1"（2）
» 六角螺帽，¼"（2）
» 螺桿，5/16"×6"（2）
» 螺帽，5/16"（10）
» PVC 管，內徑 1"，長度 5'
» PVC 管接頭，90° 接頭（2）
» 合板，5/8"×4'×2'
» 合板，3/8"×6"×5½"
» 金屬格網，¼"，7"×58"：例如五金行的金屬編網。
» 電工膠帶與熱縮套管
» 紙膠帶
» 漆料（非必要）

工具

» 烙鐵與焊錫
» 釘槍
» 斜口鉗
» 線鋸
» 鑽孔機與鑽頭組
» 孔鋸或平底鑽頭
» 熱融槍
» 打火機或小型噴燈
» 砂紙
» 磁性指南針，或是你行動裝置上的指南針應用程式
» 可執行 Arduino IDE 的電腦：可由 arduino.cc/en/Main/Software 免費下載
» 專題程式碼：可由 github.com/Photosynthesis/make-smart-rat-trap 免費下載本專題之 Arduino 草稿碼。

對底盤與籠子本體塗點不同顏色的漆，讓它看起來更漂亮。

2. 組裝支撐框架

2a.切割PVC管

把你的PVC管切成4段：一段 19⅝" 用於橫向管，兩段 12¼" 的直管，還有一個 6" 長的把手。

2b.對PVC框架鑽孔

在把手上鑽兩個 5/16" 的孔，間隔 5"。在橫向管的中央處也鑽出對應的孔。

2C. 組裝框架

用兩個PVC轉接頭把橫向管與直管接起來，請確認螺栓孔與直管保持平行。鑽一些導孔，再用 ¾"、#8 盤頭螺絲來固定彎管處（你可以使用接合劑，在此用螺絲是為了方便拆卸）。

3. 製作電磁鐵

3a. 繞線圈

在螺桿兩端旋入兩個螺帽，間距 1"，距離一端 11/16"。在兩個螺帽之間的螺紋之間纏上電工膠帶（圖 G）。

拉一段大約 35' 的漆包線。用膠帶把它貼在兩個螺帽之間的螺桿上，留下大約 6" 的線頭（現在只要把電線繞在螺栓上就好）。

用鑽頭來修整螺桿，用紙膠帶把外露的螺牙包好，避免它們刮傷電線的絕緣皮。小心在兩個螺帽之間纏上漆包線（圖 H 與圖 I）。纏上一層膠帶固定，一樣請在外面留下 6" 長的漆包線。

另一個電磁鐵也是一樣的做法，請確認是以相同方向來纏繞。

3b.測試極性

把各個電磁鐵分別接到 12V 電源，將線圈外側的導線接到正極（＋）。拿個磁性指南針（或智慧型手機的任何一款指南針小程式）來看看磁鐵的極性（圖 J）。看看指南針兩端（南或北）的哪一端指向通了電的電磁鐵。

4. 連接電路

4a.製作電路平臺

切出一片長寬 6"×5½"，厚 ⅜" 的長方形合板。鑽兩個 5/16" 的通孔，間隔 5"。用一點熱融膠把 Arduino、電容與 5V 繼電器裝上原型開發板。如果你有用到喇叭的話，也把它黏上去吧（圖 K）。

4b.麵包板接線

在板子上的 Arduino 附近黏一片迷你麵包板。請如接線示意圖中所示來接好電晶體，在它的基極與 Aduino D12 腳位之間串聯一個 1kΩ 限流電阻（圖 L）。

想用聲音或視覺效果來呈現捕鼠器狀態的話，請如圖加入 RGB LED 與喇叭。如果從 RGB LED 最長的腳是左邊數來第二支這個角度來看的話，腳位由左到右分別是紅色、共陰極、綠色與藍色。在共陰極焊上 1 個 100Ω 電阻，紅色腳位則焊上一個 50Ω 電阻。在每隻腳上都套上一小段熱縮套管（電阻也要包起來）。接著用一片大一點的套管把它們整個包起來（圖 M）。將陰極接地、紅色腳位接到 Arduino 的 D7 腳位、綠色接到 D6，最後藍色則是接到 D5。

將喇叭的兩隻腳接到 GND 與 D8 腳位。

4C. 焊接二極體與電容

請在電容的負極（－）腳位與繼電器的共用（COM）腳位之間焊上一個矽功率二極體；二極體的陰極（會在二極體本體的一端用一條線來表示）要接到繼電器（圖 N）。

4d. 焊接繼電器

用一條電線把電容的正極（＋）腳位接到繼電器的常時開啟（NO）腳位接起來。在繼電器的同一個腳位焊上另一條電線，之後將其插入 Arduino 的 Vin 腳位。

在繼電器的線圈上焊一個矽功率二極體。再對二極體正極所連接的繼電器腳位焊一條電線，接著將另一端接到插在麵包板上的電晶體集極。最後再用一條電線把繼電器的另一個線圈接頭（也就是二極體的陰極）接到 Arduino 的 +5V 腳位。請把這一端留長一點，這樣你比較好焊上另一條電線（圖 O）。

4e. 接上感測器

感測器線路末端應該有個 3 針腳母座。剪下 3 段適當長度且不同顏色的電子線，它們是用來延長感測器接腳。將黑色接腳接到 Arduino 的 GND 腳位，黃色接腳（訊號）則接到 A1。將感測器的電源線與位於 Arduino +5V 腳位的繼電器電源線用一條電線焊接起來（圖 P）。

將感測器黏在電路板上，確認紅外線發／接收器能與籠子頂部的兩個孔位對在一起（圖 Q）。

4F.安裝電磁鐵

將兩隻螺桿穿過電路板上的孔，從底下使用螺

帽將它們固定好。

將電磁鐵導線剪到適當長度。使用小型噴燈、打火機或砂紙來清除導線末端的殘膠。

將兩個電磁鐵線圈外側的導線與繼電器的共用（COM）腳位焊起來。

將線圈內側的導線與接在Arduino GND腳位上的電容負極（－）焊起來。

5. 最後組裝

5a. 裝上支撐框架

將PVC框架插入底板上對應的孔（圖 **R** ）。從底盤的底部，從各個管的內側鑽兩個導孔，接著用#8盤頭螺絲來固定管子。

5b. 安裝電路與把手

將電路總成上的螺桿慢慢滑入並穿過水平橫向管上的孔，接著旋入兩個螺帽將其固定好。再多用4個螺帽將把手安裝於頂部（圖 **S** ）。

5C. 安裝永久磁鐵

在籠子頂部的兩個孔分別旋入¼"×1"的螺栓。在其底部用兩個螺帽來固定。

先檢查兩塊釹磁鐵的極性，再黏在螺栓頭，轉到正確的方向讓它們可以彈開電磁鐵（圖 **T** ）。舉例來說，如果電磁鐵的北極朝下的話，那麼永久磁鐵的北極就應該朝上——這樣才會彈開嘛！

最後，把籠子塞進支撐架，塞緊就好了。

5d. 編寫Arduino程式

請由Github下載Arduino草稿碼並上傳到板子。

5e. 測試！

將籠子本體滑入直到它吸住磁性支架為止（圖 **U** ），再把AC/DC轉接器插入Arduino的電源孔。當Arduino在校正感測器門檻值時，LED會閃綠光，一旦設定完成準備好觸發的話，LED就會一直是綠色。

來測試陷阱看看吧。拿個和老鼠差不多大的東西在籠子中心下方處晃晃。LED會閃爍紅光，Arduino會閉合繼電器，發出喀一聲並觸發電磁鐵來掉下籠子。當LED變成藍色的話，代表捕鼠器被觸發了，裡面可能有隻老鼠。

如果繼電器作動但籠子沒掉下來的話，別擔心。你的永久磁鐵磁性可能過強導致電磁鐵無法彈開。把膠帶剪下一些方形小片並貼在你的永久磁鐵上，直到磁力減弱到足以作動為止。

捕鼠器完工啦！

智慧捕鼠器：電路圖

RGB LED

電晶體 2N3904

紅外線測距器

喇叭

繼電器

1N4001

4700 uF

Arduino Uno R3

L · M · N · O · P · Q · R · S · T

來抓老鼠吧！

雖然是為老鼠所設計，這款捕鼠器也能用來抓各種囓齒類動物、松鼠或任何其他小動物。將捕鼠器放在鼠輩橫行之處，在感測器下方撒一些誘人的餌食吧（我們用巧克力、花生醬、葡萄乾還有堅果等組合，效果不錯）。最後開啟電源。捕鼠愉快！

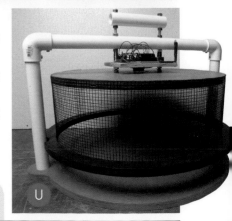

U

在makezine.com/projects/smart-rat-trap上有更多組裝照片與技巧，也歡迎分享你的作品。

文：韋達・赫爾維格 ■ 圖：梅根・赫爾維格 ■ 譯：曾吉弘

紅外線射擊槍
點亮目標物，再用紅外線LED槍擊倒它們。

Infrared Shooting

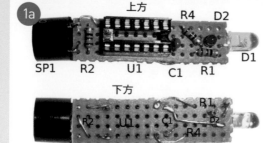

韋達・赫爾維格
Widar Hellwig
是個電路狂熱者外加電
子工程師，他創辦了
senselessdevices.com 來分享
許多有趣的開放原始碼專題。

梅根・赫爾維格
Megan Hellwig
是位樂於製作瘋狂實驗的作家
與插畫家。她現在住在韓國的
大邱市。

當覺得有趣的時候，學習各種知識技術就變得簡單多了。射擊目標物就很有趣！在這套遊樂園風格的遊戲中，你將會發射紅外線光束（非子彈）來觸發各種可自動倒下的目標物，你可用汽水罐、玩具鴨、機器人或任何易於瞄準後擊倒的東西來自己做一個。

以下是從頭開始製作的步驟。或者你可以使用我的套件包（senselessdevices.com/shop），就可以跳過寫程式的步驟了。

運作原理

這把玩具槍可藉由紅外線LED來發射眼睛看不到的紅外線光。LED光的散布角度很廣，這樣要瞄準就簡單到沒意思了——所以我們要將它裝在一根管子的深處，好把光線限制在一個較窄的範圍之中。

這樣的紅外光和燈泡或太陽所發出的光線相當類似。為了讓這把槍的光線更獨一無二，我們寫了點程式讓微控制器每秒開關LED 38,000次（38kHz），這種頻率在環境光源中並不常見。

每個目標物都有一個IR接收器，裡面有個可以偵測紅外光的光電晶體。當它偵測到來自槍的38kHz訊號時，它就會觸發伺服機並讓目標物倒下來。

1. 焊接槍體電路

剪一塊1¾"×½"的洞洞板，這樣你會有17×4這麼多孔可以用。在板子的同一側來裝上這些元——喇叭（要能發聲需要它）、紅外線LED、紅色LED（槍的閃爍效果）、0.1μF電容、27Ω電阻以及IC插座——接著在另一面把接線焊好（圖**1a**），請跟著專題網頁上的示意圖來完成：makezine.com/infrared-shooting-arcade。

連接2xAAA電池盒：黑線接到GND（ATtiny24的14號腳位），紅線接到1號腳位。

焊接兩條6"長的電線到觸發用的按鈕腳位上，再焊到洞洞板上（圖**1b**）。

2. 製作燒錄轉接座

如果自行燒錄晶片的話，你需要一個能把AVR ISP燒錄器接到ATtiny24微控制器的轉接座。你可以從Inside Gadgets（insidegadgets.com）買到轉接座套件包，或是跟著本專題的網頁說明來自行製作。

3. 編寫槍的微控制器程式

將AVR ISP燒錄器接上轉接座並在轉接座上

1a 上方
R4 D2
D1
SP1 R2 U1 C1 R1

下方
R1
R2 U1 D2
R4

Widar Hellwig

插入一個ATtiny24晶片，晶片上的刻痕應靠近IC插座上的撬桿。

下載專題程式碼（請見右方「工具」列表），並在你的AVR燒錄軟體中開啟irgun REV100.hex這個檔案。將燒錄器接上你的電腦，接著把程式碼上傳到晶片。最後，把ATtiny24晶片插入槍身電路板上的IC插座。

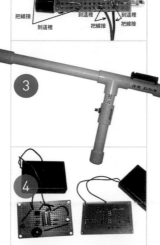

4. 製作槍身

你可以把電路裝在現成的玩具上，例如老式的任天堂遊戲槍上面就已經有一個作為扳機的開關，或是用½" PVC管與轉接頭來自己做一把。

把電子元件裝在T型轉接頭的內部，接著在連接管上鑽一個⁵/₁₆"的孔，用來安裝板機按鈕。在背面的管子上壓出凹痕來固定電池盒的電線，最後壓入套管封口。

請確認IR LED是否正對著槍管。將電池用雙面膠固定在背面，接著用力把槍體壓合（圖 3 ）。

5. 焊接目標物電路

目標物使用另一個ATtiny24晶片來控制一個喇叭、兩個LED與一個伺服機。當IR接收器偵測到IR槍開槍的話，微控制器會讓喇叭發出「叮」一聲，白色與紅色LED會不斷閃爍，接著對伺服機發送脈衝讓它轉動90°再轉回來。這個伺服機可用來舉起放下一面小旗或是擊倒罐子。

請根據網站上的示意圖，將IC插座焊到原型開發板上，接著裝上IR接收器模組，接著是100Ω電阻、喇叭、電容與紅色白色等LED。隨後裝上二極體與伺服機接頭，再把接地用的跳線焊好，最後接上4xAA電池盒（圖 4 ）。

6. 編寫目標物的微控制器

使用另一個irtargetREV100.hex檔來燒錄這個ATtiny24微控制器的程式，隨後將它插入IC插座中。最後把電池放入電池盒裡。

7. 製作機械目標物

對於簡易版的目標物來說，切一小塊木頭再用雙面膠把伺服機黏在角落，接著把電路板黏在前緣。

用橡皮筋把電池盒和亂糟糟的電線用整齊。如果想要更耐用，也更好看一點的目標物時，找個盒子並鑽出用於LED、IR接收器與喇叭的通孔（圖 6a ）。

列印一張用於目標物的圖片，把它用膠帶貼在一根吸管上。把吸管裝在伺服機擺臂上。你的目標物已經準備好了；接上電源，並對準目標物射擊來測試看看。當你瞄準目標物的紙面時，紅外光束的寬度應該要足以觸發目標物的感測器。

如果想要擊倒類似錫罐這樣的東西的話，請將伺服機水平安裝，再裝上一根用來擊倒罐子的棍子（圖 6b ）。

8. 自製展示架

把這些目標物放在架子上，接著好好裝飾這個架子，讓它看起來就像是遊樂園展架。你可以用紙板再畫上幾筆很快地做一個，甚至還可以在布簾上繡一些有趣的符號（圖 7 ）。

我的紅外線射擊秀首次登場是在2014年的美國灣區Maker Faire。你可以用它來炒熱各種場子，從生日派對到募款活動，甚至週六下午都沒問題。別害怕天馬行空：把各個目標物擺滿房間或整個房子，或者把它們藏在傢俱或架子後面，讓孩子們去尋找射擊。你可以偶爾移動目標物來開啟新一回合的遊戲，或改用更長的槍管讓瞄準變得更有挑戰性。

在www.makezine.com.tw/make2599 131456/195上有更多製作技巧、教學、零件材料與示意圖。

時間：
一個週末
成本：
25～150美元

材料

製作一把槍與一個目標物：
» 洞洞板，371孔（2）
» 微控制器IC晶片，Atmel ATtiny24，DIP封裝（2）
» IC插座，14針腳，DIP封裝（2）
» 電阻，27Ω（3），100Ω（6）
» 紅外線LED：RadioShack網路商品編號 #2760142。
» 紅外線接收器：賀澤電子，商品編號 #782-TSOP32138。
» 微型伺服機
» 喇叭，12mm（2）
» 高亮度LED，紅色（2）與白色（1）
» 瞬時開關
» 電容，0.1μF（2）
» 排針，3針腳
» 二極體，1N4004
» 電池盒：4xAA（1）與2xAAA（1）
» 電子線，22 AWG
» 盒子（非必要）
» PVC管，½"，長度2'
» PVC轉接頭，½"：T型（1），連接管（2），套管（2）
» 雙面泡棉膠帶
» 舊書架或架子

製作ATtiny24 DIP插座：
» 電源，9V，300mA
» 穩壓器，5V
» 電容，10μF（2）
» 電阻，10kΩ
» 插座，14針腳，DIP封裝
» 排針，6針腳
» 原型開發板

工具

» 烙鐵與焊錫
» 斜口鉗
» 尖嘴鉗
» 手鋸或PVC管切割器
» 鑽孔機與鑽頭組

以下為非必要，如果你要自行燒錄晶片才會用到：
» AVR ISP燒錄器
» 安裝有AVR燒錄軟體的電腦：例如AVRStudio（atmel.com）或AVRDUDE（可由nongnu.org/avrdude免費下載）
» **專題程式碼：** 請由senselessdevices.com/arcade.html下載irgunREV100.hex與irtargetREV100.hex。

Build-a-Bin
Customizable Picking Bins
打造量身訂做專屬收納盒

馬上設計客製化尺寸，用
雷射或以手工裁切製作，
讓收納更有系統！

文：丹・羅伊爾　譯：張婉秦

時間：
30～60分鐘
成本：
0～20美元

丹・羅伊爾
Dan Royer
因為大家的
幫忙，即將
要把建築機
器人放到
月球上。
更多資訊請參考他的網站
marginallyclever.com。

材料
» 硬紙板、西卡紙、重磅的卡片紙，或是波形塑料板：又稱為瓦楞板。
» 膠水或膠帶（非必要）

工具
» 連接網路的電腦
» 雷射切割機（非必要）
» 剪刀
» 尺規跟雕刻刀，如果你沒有雷射切割機的話。

對於如何整理工具和零組件，並讓大家能輕鬆找到、使用這些工具，我感到非常煩躁。這件事情對我每天銷售機械組件的生意以及我在當地的駭客空間來說，永遠是個挑戰。直到現在，我思索出來的結論是，每個東西都要有個明確的所在位置，而且必須非常顯眼和非常容易找到。「收納盒（Picking bins）」在很多方面都符合這樣的條件。

它可以堆疊，前方有個開口，正面有空間可以放標籤，也沒有會不見的蓋子；另外，它也很難用什麼錯誤的方式放在架上；不需要任何膠水、膠帶，或是花俏的工具就可以製作收納盒，甚至可以用回收材料，你不用打開就可以看到裡面裝了什麼東西。

受到Uline收納產品跟Rahulbotics線上箱子產生器的啟發，我成立了「Build-a-Bin」網站，讓大家可以依照自己想要的收納盒尺寸，生成設計圖。

1. 設計你的收納盒

這是一個基本收納盒的草圖（圖 A）。要自製收納盒，就要先決定盒子的高度、寬度跟深度。Build-a-Bin會自動計算開口的高度跟深度。

如果你的工作平臺跟我的一樣小且/或堆滿了東西，你也許會想要設計不一樣尺寸的盒子，而且可以堆疊。

2. 輸入盒子的尺寸

登入Build-a-Bin的 網 頁 marginallyclever.com/other/build-a-bin.php，輸入你設計的收納盒尺寸，以及你要裁切的材料厚度（圖 B）。Build-a-Bin會根據你提供的尺寸，繪出收納盒的圖表。黑色線代表切割處，紅色線則是彎折處。

記下你的尺寸，因為你也許之後會想要多做幾個同尺寸的盒子。

> **註釋：** BUILD-A-BIN 無法檢查輸入的數據是否合理，因此有可能會產出不合邏輯的設計。使用時須自己承擔風險。

3. 儲存 DXF 檔案

Build-a-Bin生成的繪圖檔案是DXF格式，這是大多數雷射切割軟體能接受的格式。（你也可以將DX F繪圖檔案列印出來，轉變成手工切割的模板。）

你會需要將這份DXF檔案存在電腦上。只要複製DXF檔案視窗中的內容，然後存成純文字的格式（圖 C）。接

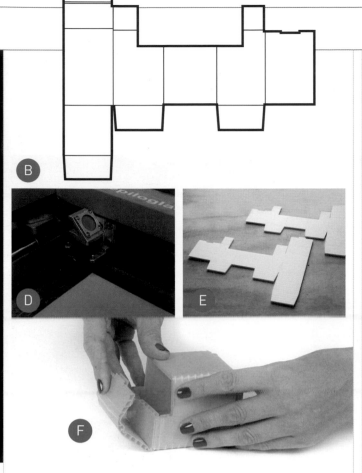

著，把檔案名稱最後的 .txt 改成 .dxf，這樣就完成了。

4. 切割收納盒

把 DXF 檔案存到你的雷射切割機中，然後，隨你想要做幾個收納盒都行（圖**D**和圖**E**）。

如果你沒有雷射切割機，可在 Inkscape 網站上打開 DXF 檔案，然後列印出來，把它當模板，你就可手工切割製作收納盒。

5. 超神奇的摺紙時間！

照著黑色線條裁切，沿著紅色線條彎折。首先將盒子背面組裝好，接著上方，最後是正面的開口處（圖**F**），將凸出的地方插入洞口中，完工！

把標籤貼在正面，然後推放在你的層架上。我喜歡用戰艦上的甲板名稱（A3、B5……之類）命名，這樣如果它們被移動就會很明顯，也容易找到回家的路。

6. 現在，就來做更多吧

波形的硬紙板是很理想的製作材料，便宜又可回收。你也可以用西卡紙或重磅的卡片紙。Make: 實驗室做過許多專題，結果顯示瓦楞板切割使用起來成果不錯。瓦楞板比較難被彎折，可是它夠堅硬、耐用，而且看起來有質感。●

+ 特別感謝伊凡・瓊斯（Evan Jones）以及布萊恩・梅拉尼（Brian Melani）協助改善「打造收納盒」的草稿。

在 makezine.com/build-a-bin 上有更多照片，並分享你的作品。也可以上傳照片到推特，主題標籤是 #buildabin。

CNC做出3件有趣的小物

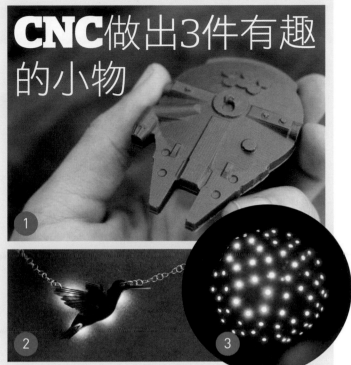

我們請 Other Machine Co.（othermachine.co）的朋友幫忙提出幾個想要用新的 Othermill 來切割的有趣專題。Othermill是一款用於電路板或小型作品使用的桌上型CNC銑床。

1. 巧克力千年鷹號

艾德・路易斯（Ed Lewis）
instructables.com/id/Chocolate-Millennium-Falcon

當想到 CNC，巧克力也許不是第一個你會想到的東西，但是用 CAD 檔案、加工蠟以及食品級矽利康，你就可以做出千年鷹號的巧克力鑄模，這個絕對會讓韓蘇洛昏倒。碰碰，咻咻！

2. PCB 蜂鳥項鍊

山姆・迪羅斯（Sam DeRose）
instructables.com/id/PCB-Hummingbird-Necklace-on-the-Othermill

直接在 PCB 上裁切出這隻可愛的小鳥，然後蝕刻一邊的電路板，另一邊則是你選擇裝飾的圖案。如果再加上 LED 背光，更能營造出氣氛。

3. 互動式數位迪斯可球

柯林・威爾森（Colin Willson）
instructables.com/id/Digital-Disco-Ball

磨製客製化形狀的電路板，最後真的能組裝在一起變成充滿未來感的迪斯可球。內部有遠距感測器連接上一個 Arduino，根據所偵測到的活動量來變化特定 LED 的亮度，所以，舞池上的動作可不能停下來。

Backyard Climbing Wall

後院攀岩牆 打造一個真正的訓練牆，成為孩子們超炫的遊樂場。

文、攝影：本頓・卡爾霍恩　譯：張婉秦

**本頓・卡爾霍恩
Benton Calhoun**

是 4 個小孩的爸爸，
熱愛跟孩子們分享
戶外運動。偶爾，
他也是位電子工程
教授跟創業家。

**時間：
幾個週末
成本：
400~450美元**

材料

» 標準尺寸木材，柱子：
　6×6 以及 4×4
» 標準尺寸木材，框架：
　2×4、2×8，以及
　2×6
» 托梁吊架，2×6
» 黏土和／或水泥
» 方頭螺栓
» 合板片，3/4"
» 底漆
» 外牆塗料
» 沙子
» T 型螺母跟螺栓，
　3/8"
» 攀岩把手跟固定點
» 合板，1/4"
» 馬口鐵
» 鋼管，3/4"

工具

» 圓盤鋸
» 鑽孔機跟鑽頭
» 鑿子、榫穴挖掘機，
　或是螺絲鑽頭
» 油漆滾筒或刷子

　我高中跟大學的時候都在攀岩，但是自從跟老婆有了小孩之後，就很少鍛鍊，而看到自己身材變形真的很沮喪。長久以來，我一直很想要有個攀岩牆，可以重塑我的前臂，訓練攀岩技巧，而且也很好玩。但是要在室內找到空間弄一個攀岩牆實在是件很困難的事情——而且還要說服我太太這絕對不會損害到裝潢。所以最後我決定試著建造一個戶外攀岩牆。我也額外為自己設了一個挑戰，就是也要讓它成為孩子們玩樂的設備。

　我非常享受建造的過程——大部分是晚上，在孩子都上床睡覺後，我利用房子的探照燈跟頭戴照明燈，花 1 到 3 個小時工作。如果一鼓作氣，我想應該花個 3、4 天就可以完工。這些年來孩子們跟我都玩得非常盡興，而且這個攀岩牆依然很堅固。

1. 規劃

　我用 SketchUp 稍微畫了個草圖，從不同角度設計我的攀岩板（圖 Ⓐ），這樣就可以提供多樣化的「地貌」，而且要考慮如何搭配背面給孩子們的兩層堡壘，同時附有單槓跟一個溜滑梯。

　接著，我用 SketchUp 詳細設計出模型來設計主要的支架（圖 Ⓑ），並且協助整理出材料的清單。你可以連結網址 makezine.com/go/climbing-wall 下載檔案，並用 3D 模式觀看。

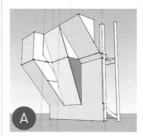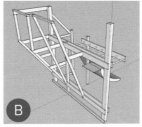

2. 架設柱子跟主要支架

　為架設 6×6 的柱子需挖 4' 深的洞，4×4 的柱子則需要 2'～3' 深的洞。

　要把 6×6 這麼大的柱子安裝到洞中有點難度，所以你也許想要請朋友來幫忙。我在大柱子旁邊立起 2×4 的柱子協助固定，然後把黏土填滿空隙以固定柱子。我也利用一些水泥來穩固大型木柱。

　然後再接上 2x8 的交叉撐架。

3. 組裝框架

　突出的部分利用金屬吊架將 2×6 的「托梁」固定在 2×8 的框架上。首先，裁切想要的長度，然後切割角度以符合 2×4 壁柱傾斜的角度。最困難的地方是，在傾斜的 2×4 壁柱底部缺口處，還要再次切割，這樣它們才能固定在更下層的 2×8 框架上方。

　當所有東西都安裝好之後，用方頭螺栓鎖緊主要的接合處。

4. 準備攀岩板

用鏟形鑽頭鑽一個洞安裝 $3/8$"T 型螺母，因為要在這邊裝上攀岩把手。我以 8" 平方的正方形為單位畫出格線，然後縮減個 0" 到 3"，形成如同假亂數所產生的模式，同時要保持足夠的移動空間。

為避免天氣造成損壞，攀岩板的兩面都需用底漆跟織紋漆。在 1 加侖標準外牆塗料中加入 1 湯匙的沙子，就能達到我想要的效果。

最後，從背面敲進 T 型螺母。如果可以的話，我推薦不鏽鋼材質的。我是用鋅做的 T 型螺母，過了 5 年，因為生鏽，有一些岩塊已經無法使用。

5. 固定牆面跟攀岩把手

將牆面安裝到框架上。我是從底部向上安裝。

取得一些攀岩把手。可以上網搜索，我是在 eBay 上買到大部分的攀岩把手。用螺栓將攀岩把手安裝到牆面上。我發現愈多的攀岩把手，樂趣也加倍。

我也將一些固定點用螺栓安裝在每個牆面的最高點（穿過 2×8 的框架），用以協助升降索，不過我們大部分還是用圓石。

6. 完成遊樂場

堡壘主要的架構包括一個階梯，而在最大的凸出部分的後方有一個出入處。一個小梯子通到平臺的最高處，那邊有做好的平臺柵欄以保護小孩的安全。

我在兩個 2×4 的框架上鑽了盲孔，大概一半的深度，然後在中間安裝 ¾" 的鋼管成為單槓。我用 3 片 ¼" 的合板組合成一個溜滑梯，上面用錫板覆蓋。它很吵，可是滑得快又好玩！ ◐

在 makezine.com/backyard-climbing-wall 有更多的建造技巧與照片。

Workshop Light Doorbell
工作室燈光門鈴 文、攝影：傑森·珀爾·史密斯 譯：張婉秦
聽不到門鈴聲？迅速改造無線門鈴讓它也會亮燈。

時間： 4～5小時
成本： 50～90美元

材料

» 無線插電式門鈴組，AC 交流電源
» 延長線
» 電燈插座
» 燈泡，低瓦的節能螢光燈
» 金屬絲帽，旋轉式
» 繼電器，12V 固態類
» 快速分離連接器
» 開關，滑動型（2）
» 555 計時器晶片
» 電阻，1kΩ（1），100kΩ（1）
» 電容，330μF（1），100μF（1）
» 印刷電路板
» 跳接線
» 熱縮管
» 外殼裝置

工具

» 螺絲起子
» 烙鐵與焊錫
» 刀子
» 剪線鉗／剝線鉗
» 熱熔槍（非必要）
» 旋轉式切削工具（非必要）

當我在工作室用電動工具的時候，根本聽不到電鈴聲。所以我修改一個無線門鈴系統，加上燈光跟聲響，然後裝在工作檯附近。來看看怎麼做吧。

1. 破解無線門鈴

延長擴音器的導線，連接上 DC 電源端子的負極，將兩個開關固定於電晶體的輸出端。

2. 製作控制電路

我的電路板是用一個單穩態模組的 555 計時器晶片，由門鈴裝置供電。當腳位 2 被門鈴所觸動，腳位 3 根據你所選擇的電阻器跟電容數值，會切換到繼電器一段時間。

3. 連接繼電器與燈

固態繼電器的運作只需要些許電源。將 555 計時器的腳位 1 連接上繼電器負極的輸入端，腳位 3 則接上繼電器正極的輸入端。用延長線串聯繼電器跟電燈插座。

4. 安裝所有東西

我將半透明的前面板安裝在一個舊的機盒上。把門鈴插上延長線，然後接到牆上。現在，當有人按你家的門鈴，燈就會亮。可以用開關來切換聲響或燈光的開啟跟關閉。睡覺的時候，靜音模式（只有燈光）是個不錯的選擇。 ◐

在 makezine.com/light-doorbell 上有更多打造技巧與照片。

傑森·珀爾·史密斯 Jason Poel Smith
具有機械工程與電子工程學士學位，大多數的時間都花在追逐他的小嬰兒，還有製作系列影片《DIY Hacks and How-Tos》（ youtube.com/make ）。

Tracking Planes with RTL-SDR

文：大衛・薛特瑪
譯：張婉秦

用 RTL-SDR 追蹤飛機

用便宜的軟體定義無線電追蹤商用客機，並標註它們在天空中確切的位置。

時間：
1小時
成本：
65~100美元

材料

» **BeagleBone Black 單板電腦**：Maker Shed 網站商品編號 #MSGSBBK2，makershed.com。
» **RTL-SDR 軟體定義無線電，內建 RTL2832U 晶片**：例如 Adafruit 網站商品編號 #1497。
» **電源供應器，5V，1A**：或是USB mini cable。

軟體定義無線電（SDR）愈來愈受到歡迎，原因很簡——利用SDR可以讓你的電腦接收到許多頻道，包括FM電臺、未加密的警察和消防隊頻道、飛機詢答機，而且在很多國家，還可以接收到數位電視。其中最受歡迎、又便宜的就是RTL-SD，因為它配備Realtek的RTL2832U，是一個支援USB介面的解調變晶片。

利用便宜的RTL-SDR USB裝置跟適當的組態軟體，你就可以追蹤商用客機，將它們的位置輸出到製圖軟體，看看它們在天空的確切位置。在這個專題中，你會學習到如何利用絕對負擔起的單板電腦「BeagleBone Black」來完成。由於這個作品並不是原創，也不需要技術上的詳細說明，因此可說是個很好的整合與範例，證明軟體跟特定的硬體可以合作達到驚艷的成果。

有兩個主要軟體套件需要安裝。第一個

是RTL-SDR USB物件的驅動裝置，這不需要做組態確認，只要安裝即可。第二個則是dump1090程式，能將你的SDR調頻到1090MHz，用以蒐集數據並輸出到本地託管的網站。

1. 動手組裝

製作過程非常簡單直接。將天線接上SDR裝置，然後插上BeagleBone Black的USB接口。

將乙太網路線接上RJ-45連接埠，5V電源供應器接上圓形插孔。如果不方便用圓形插孔，也可用micro-USB接口連接電源。但是要記住，每個USB接收的安培數最高不能超過500mA。這樣就好了！動手組裝就到此為止。

2. SSH 遠端登入協定與更新 Debian 作業系統

啟動 BeagleBone Black 後，藍色的 LED 燈會開始快速閃爍。與其把裝置連結上螢幕跟鍵盤，還不如用 SSH 遠端遙控比較好。

Windows 使用者：

下載並安裝 SSH 程式，例如 Putty。以 root 使用者身分連接上 beaglebone.local。在基本預設的情況下，並不需要輸入 root 的密碼。

OSX 與 Linux 使用者：

你的電腦系統已經預設安裝有 SSH 帳號，但是你需要開啟終端對話，並輸入：

```
ssh root@beaglebone.local
```

如果 **beaglebone.local** 沒有用，就換使用 **192.168.7.2**。如果跳出要求輸入密碼，只要點擊「返回」。

現在，不管平臺為何，在 Beagle 應該有一個指令跳出。如果不確定的話，回頭參考第一張圖片。

更新 Debian 軟體列表：

```
apt-get update
```

然後（非必要）將系統升級：

```
apt-get upgrade
```

3. 串列 USB 裝置

串列任何連接上 BeagleBone 的 USB 裝置：

```
1susb
```

輸出時應顯示一個 RTL 裝置，例如：

Bus 001 Device 002: ID 0bda:2838 Realtek Semiconductor Corp. RTL2838 DVB-T

如果沒有列出任何裝置，只有兩個 Linux Foundation 的 root hub，確認 RTL-SDR USB 裝置確實穩固安插於 Beagle 上，然後再試一次指令。

4. 安裝 cmake 跟 libusb

Debian 並沒有配置 rtl-sdr 的編譯軟體包，所以你必須從原始碼編譯。這個並不困難，下面的步驟會帶你走過那些命令行相關的專有名詞。

首先，安裝 cmake，它是另外一個建構系統，許多開放原始碼專題都有使用它。

```
apt-get install cmake
```

打造 rtl-sdr 需要特定的 USB 公用程式。安裝內容像是：

```
apt-get install libusb-1.0-0-dev
```

5. 複製 RTL-SDR repo

從專題中的 git repository（"repo"）複製編碼。

```
git clone git://git.osmocom.org/rtl-sdr.git
```

6. 進行配置與建立

將目錄修改為複製的 repo：

```
cd rtl-sdr
```

用 cmake 開始配置：

```
cmake ./ -DINSTALL_UDEV_RULES=ON
```

然後再用 make 建立並安裝：

```
make
make install
```

7. 複製 DUMP1090

將工作目錄改成 root：

```
cd
```

複製 dump1090 repository：

```
git clone https://github.com/MalcolmRobb/dump1090 dump1090
```

修改目錄為複製目錄的 dump1090，並進行編譯：

```
cd dump1090/
make
```

8. 來追蹤飛機吧！

在交互模式下運行 dump1090，並用網頁介面進入 port 8081：

```
./dump1090 --interactive --net --net-http-port 8081
```

現在，選用一個瀏覽器連結到 **beaglebone.local:8081** 瀏覽 dump1090 的網頁介面（圖 8a）。

你會看到在天上飛的每架飛機都有個標記，在 Google 地圖上準確的標註出來！點擊不明班機的圖示，就會顯示航班資訊，包括經緯度、飛行速度，以及航班已經飛過的路徑（圖 8b）。

你可以切換至暗地圖模式（圖 8c），代替平常 Google 地圖的顏色，或是使用別的平臺，例如 OpenStreetMap。

我希望這個專題能引發你的想像，並展示以 SDR 為基礎的專題可以有多麼強大。多多關注《MAKE》雜誌，因為會有更多酷炫的 SDR 企劃出現！ ◎

在 makezine.com/projects/tracking-planes 上有完整步驟的螢幕截圖，並跟大家分享你的 RTL-SDR 作品吧。

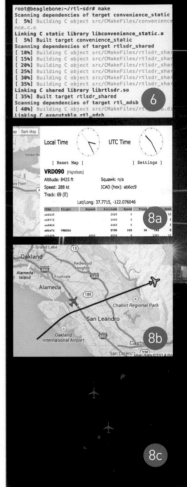

註釋： dump1090 預設操作是 port 8080；然而，使用 BeagleBone Black 時，Apache 的網路伺服器已經使用那個連接埠。這就是為什麼你要告訴 dump1090 切換到 port 8081。

如果因為其他原因 beaglebone.local:8081 沒有連接上，那就換成 192.168.7.2:8081。

Joseph Gay-Lussac and the
Technology of Fireproofing

蓋‧呂薩克與防火科技 利用安全、常見的化學品自製阻燃劑。

文：威廉‧葛斯泰勒 ■圖：彼得‧史迫 ■譯：張婉秦

USE SAFE, COMMON CHEMICALS TO MAKE DIY FIRE RETARDANTS

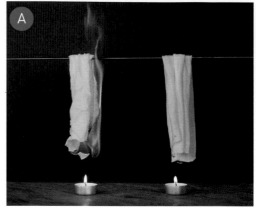

在住家電氣化之前，人們一直居住在衣物跟生活環境因每天使用的油燈（參考《MAKE》英文版第22期）和廚房用火而起火的隱憂中。當化學研究更為嚴謹，科學家開始思考如何保護人們遠離這樣的危害。有系統地深入研究這個問題的第一人就是約瑟夫‧蓋‧呂薩克（Joseph Louis Gay-Lussac），他是19世紀法國的博學家。

蓋‧呂薩克在化學的歷史當中是個非常重要的人物。出生在動亂不堪的法國革命期間，年輕時的蓋‧呂薩克搬到巴黎跟傑出的科學家克勞德‧貝托萊（Claude Berthollet）學習。貝托萊跟已逝的安東萬‧拉瓦節（Antoine Lavoisier）是好朋友，拉瓦節曾寫過極具影響力的化學專書。蓋‧呂薩克很快地成為索邦大學物理系教授，同時，他最為人所記得的是對氣體性質的研究，而他發現的無機化學也讓他成為現代防火科技之父。

在他巴黎的研究室中，蓋‧呂薩克紀錄許多先進的實驗，融合了技藝跟科學，讓易燃品的世界安全一點。他成功的關鍵在於實驗中的某個特別物質：硼。

如果硫（俗稱硫磺）是元素當中最容易觸發起火，那麼硼就是元素當中最能阻止它們的。硼是很好的阻燃劑，因為它讓物品產生化學變化，特別是紙張跟布織品，能抑制火焰擴散，並使燒焦部分生成防護層，成為一個防火屏障。

硼的複合物從很早以前就被廣泛使用，但是直到1808年，純硼才被分離出來。那個時候，給蓋‧薩克和競爭對手漢弗里‧戴維（Humphry Davy）──一位英國頂尖的科學家（《MAKE》英文版第20期的專題中有報導過他）──陷入將硼分離出來的激烈競爭中，兩人也因此都宣稱自己是第一個發現的人。

1808年，戴維已經發現並命名5個化學元素：鋇、鈣、鍶、鈉，以及鉀。他充滿信心，認為自己快要分離出第6個元素：那個難以捉摸的硼。消息傳到蓋‧呂薩克那邊，知道戴維認為自己快成功了（事實上，許多現在的學者相信戴維確實已經將硼分離出來，但是沒有辦法證明）。

所以，在英古利海峽的另一端的蓋‧呂薩克更是加倍努力。不顧警告，他採用一個危險的實驗技術，涉及使用高度活性的鉀金屬。冒著這樣的風險，他馬上分離出一個被稱作「bore」的元素。給呂薩克的認證讓同儕們認同他發現的確實是一個新的元素。

防火的紙張、衣料跟木頭

1821年，蓋‧呂薩克嘗試用一些實驗方法讓素材防火，他將織品浸泡在硼鹽中，發現硼的合成物確實可以阻止布料、紙張，跟其他纖維材質的物品著火（圖 A）。他成功之處因為他發現的防火化學物質不會影響布料的顏色，或是變得有毒，這是一大突破。

你可以運用蓋‧呂薩克的發現來製作一支抗火的登山杖，同時也是營火使用的撥火鉗──這是個便利且多用途的好物，適合去野地登山過夜時使用。你將會稍微變化蓋‧呂薩克原本的方式，但是原理是一樣的。跟往常一樣，要自己承擔實驗的風險。

自製防火拐杖／撥火鉗

1. 去附近的森林找支掉下來的樹枝，直徑1"～1½"，要夠直，上面也不要有結疤。最好的長度是到你的胸骨。

用斧頭或鋸子移除所有小的枝幹，用刀去除樹皮，並且銼平所有粗糙的地方。如果有需要的話，你可以在靠近頂部的尾端鑽一個¼"的孔，綁一個皮圈或繩圈。

2. 秤好硼酸粉和硼砂的重量，在桶子中混合並加入半加侖的熱水。用力地攪拌直到這兩個化學物完全地溶解（圖 B、圖 C）。

3. 將一片棉布放進硼酸溶液中，讓它完全浸泡

吸收。拿出布料，掛在桶子上，讓多餘的溶液流回桶子中。最後將棉布晾乾（圖 D）。

4. 當布料晾乾之後，用火柴燃燒一個角落來測試。棉布應該會燒焦並變黑，但不應該真正起火並燃燒（圖 E）。

你可以調整硼酸鹽跟水的比例，進而微調防火溶液的成效。

5. 當你對防火溶液滿意時，將它倒入一個長且窄的容器中，把棍子的尾端浸泡一整夜（圖 F）。

然後將棍子拿出來並晾乾。

6. 現在，你就有一個all-in-one的登山杖／營火用的撥火鉗（圖 G）。用它來撥動營火周圍的木柴，改善火焰的高度跟薪柴的使用。

你的棍子抗火（圖 H），但不是全然的防火，所以不要讓尖端處太熱，否則最後終究會起火（即便到了那個時候，我發現處理過後的木棍還是會減緩火焰擴散的速度）。

硼是如何防止木頭或是布料起火？給呂薩克發現於纖維材料塗上化學塗層，能將空氣隔絕於有機材料之外，就不會起火。當用木頭的時候，硼酸跟硼砂溶化後都能生成一層薄薄的玻璃膜，能減少木材產生的揮發物跟可燃氣體，最後造成材料假燒，也就是因熱分解成焦炭──不會真的起火燃燒。◆

有什麼東西你想要讓它防火？來makezine.com/boratefireproofing分享你的想法跟訣竅吧。

威廉‧葛斯泰勒
William Gurstelle
是《MAKE》雜誌的特約編輯。他的新書《守衛你的城堡：打造投石器、十字弓、護城河以及更多》（Defending Your Castle: Build Catapults, Crossbows, Moats and More）現正發行中。

時間：
1～2小時
成本：
5～10美元

材料

» **50g 硼酸粉**：在五金行購買。硼酸是弱酸性，對蟑螂跟螞蟻來說很致命，但對人類來說，還算可控制的安全化學品。
» **60g 硼砂**：於雜貨店購買。
» **1加侖的熱水**
» **布料，100% 純棉**：例如舊的汗衫。
» **木棍，約 4' 長**

工具

» **水桶，3～5加侖**
» **湯匙**
» **長柄的打火機，或是壁爐用的火柴**
» **斧頭或鋸子**
» **刀子跟銼刀**
» **鑽頭（非必要）**

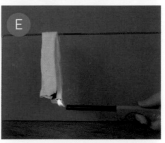

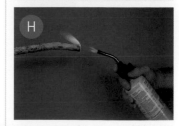

When Projects Fail:

當專題失敗時… 我的DIY穿戴式裝置從來沒賣出去過，但是它為我帶來了第一篇專文、我自己的產品組合公司，以及我在電子與科學領域的職涯。

文、照片：弗里斯特・M・密馬斯三世　圖：詹姆斯・伯克　譯：孟令函

失敗的專題通常不會被發表，但是它能為你帶來經驗與教訓，帶你走向成功。如果你曾經花了很多時間自己設計並執行一個專題，你一定能跟我一樣感同身受。其實，我的某些失敗專題，卻對我在電子與科學領域的職涯有著功不可沒的影響。

1996年時我是德州農工大學（Texas A&M University）的大四學生；當時德州儀器（Texas Instrument）發表了一款很厲害的LED，它會發出數毫瓦的不可見近紅外線，大約等於一隻小型手電筒所輸出的能量。我的曾祖父在年輕時就因為火藥爆炸全盲，這款LED讓我有了一個點子，製作供盲人使用的外出輔助用具。所以我在路邊攔了便車就到達拉斯去見愛德華・波寧（Edward Bonin），他是德州儀器的LED工程師。

這款新的LED在當時一個要價356美元，大約等於現在2,671美元的價值。波寧博士那時說，如果我可以成功做出適當的電路，為這個外出輔具提供脈衝，他就會提供我這個菜鳥一個昂貴的新款LED。我改造了一個二電晶體摩斯密碼實踐振盪器，材料還是在電子材料行用不到1元買來的呢。我把它寄給波寧，他肯定了我的改造，於是便把這個振盪器寄回來給我，包裹裡也包括了3個精緻的新款LED。

很快的，我就做出了原型也做了紀錄（圖Ⓐ），沒過幾天，我就完成了大小2"×2"×4"的外出輔具（圖Ⓑ），這個輔具發射出去的不可見紅外線會被10英尺以內的物體反射回來；矽基太陽能電池會偵測到這些反射回來的紅外線，而這些總光電流會由電晶體放大器放大（電晶體放大器是我從助聽器拿下來用的），並傳送到耳機，耳機就會因此傳出聲音。因此，只要愈靠近周遭的物體，耳機傳出的聲音就會愈大。完成這個外出輔具後，我請了20位視障的大人與小孩試用，並證明了這個輔具很有用，不過它的缺點就次是使用者得騰出一隻手來拿著它。於是我設法改進這點，將整個裝置與太陽眼鏡結合在一起。此裝置的所有電子零件都安裝在兩個直徑 $^3/_8$" 的銅管裡，而這兩根銅管分別裝在眼鏡的兩根鏡架，靠近使用者太陽穴的地方（圖Ⓒ）；LED傳送器在其中一根管子，接受器則在另一根裡。在接收的那根管子裡會有一個迷你的助聽器耳機，藉由一根短塑膠管接到使用者的耳朵。

這個太陽眼鏡輔具真的很有用，它獲得了美國百大科技獎（Industrial Research

弗里斯特・M・密馬斯三世
Forrest M. Mims III
（ forrestmims.org ），是一位業餘科學家和勞力士獎得主，曾被《Discovery》雜誌評選為「科學界50大人才」之一，他的著作已在全世界銷售超過700萬本。

100 Award）與1987年的勞力士獎。不過，雖然我花費了多年心力，這個專題最後還是一場空。我曾接洽製作助聽器的公司，希望可以量產我的外出輔具，但是他們拒絕了我，並告訴我，他們評估後覺得使用這個輔具的潛在風險太大，因為無法確保使用這個輔具的視障人士不會跌進洞裡，或是在使用過程中受其他的傷。

雖然我的輔具發明沒有量產，但這個過程讓我對固態電子器件以及光學的知識認識更深，甚至勝過了我主修電子工程的朋友在大學所學；我在研究電晶體以及發光二極體時，他們在學校的實驗課程裡，還在製作已經過時的真空管電路。

這組外出輔具的電路成為了我接下來幾個新專題的基礎，我利用LED脈衝發電電路來點亮我夜間試射的火箭模型上面的活動式照明，我用它來測試新款的導引機構（圖 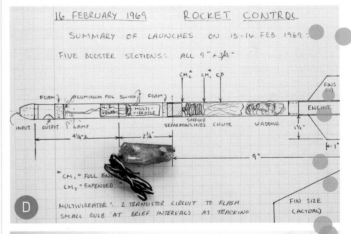D）。喬治·佛林（ George Flynn ）是《模型火箭工藝》（ Model Rocetry ）雜誌的編輯，在看過我的幾次夜間試射後，他邀請我寫 篇關於這種閃燈器的文章，而這篇文章刊登於1969的9月號（圖 E）。

艾德·羅伯（ Ed Roberts ）跟我一起被分配到空軍武器研究室的雷射部門，當時我們常常討論要藉由像《大眾電子》（ Popular Electronics ）和《無線電電子》（ Radio-Electronics ）這種雜誌來賣電子零件組；在我的閃燈器文章發表出來以後，我們決定一起成立一家公司，販售並製作閃燈器以及其他的模型火箭組件。我們的公司叫作MITS（ Micro Instrumentation and Telemetry Systems ）。

不過最後我離開了MITS，轉而從事寫作，專寫電子學相關的文章；艾德則繼續經營公司，陸續推出各種新產品。我為其中的幾樣產品寫了使用手冊，我也介紹艾德了給《大眾電子》雜誌的技術編輯——萊絲禮·所羅門（ Leslie Solomon ）認識。

1974年時艾德接觸到了8080，Intel的新款8位元微處理器，緊接著他就著手研發以此微處理器為基礎的微電腦。自從艾德的Altair 8800上了1975年1月號的《大眾電子》封面，就此揭開電腦愛好者時代的序幕。保羅·艾倫（ Paul Allen ）一看到這本雜誌，他馬上買了一本給好友比爾·蓋茲看；他們很快就連絡上艾德，告訴艾德他們正在發展一款適合Altair的BASIC直譯器，剩下的就是廣為人知的歷史了（可參閱《 MAKE 》國際中文版Vol.18裡的文章〈開啟科技革命的裝置〉）。

有時候我會想，如果我的曾祖父沒有失明，這整個故事會怎麼發展？又或者是德州儀器不曾發明出那種紅外線LED呢？當然啦，我們不可能預知失敗或放棄的專題會不會有好結果，但是這就足以作為一種動力，帶領我們繼續前進。

更進一步

你的專題是否曾因為技術問題或其他原因失敗？可以思考看看，這些沒有成功的專題有沒有為你帶來更多知識或技術？歡迎上makezine.com/when-projects-fail與我們分享。

有鑑於發展新專題不一定會成功，我的觀點是，把每個專題都當成是技術學校或大學裡的一門課，畢竟從這些失敗中衍生出來的點子，有時候其實跟你從成功的專題裡得到的經驗一樣重要。◢

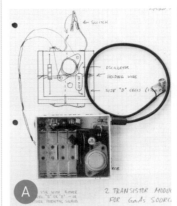

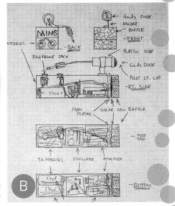

The Theory and Construction of a

Transistorized Tracking Lig

for Night Launched Model Rockets

by Capt. Fe

a simple tracking light ... function is desired pay particular atten-
ble to launch, tr... ...e the possibility of shorted leads.
rockets flown at ni... Certain exp...
particularly those ...volving ... The author's original device was mini-
...logy, guidance ...control ...and encapsulated in transparent silicone
fr... launchings. Altitude and de... ...graphing the rocket-borne light.

Pixilation: 定格實體動畫
Full-Body Stop-Motion Animation

時間：**2～3小時** 成本：**0～50美元**

文：蜜雪兒・胡勒賓卡　譯：孟令函

蜜雪兒・胡勒賓卡
Michelle Hlubinka

是 Maker Media 客製專集的導演，負責監督拓展計劃，並籌畫適合校園、學生、家庭的專題，帶領大家一起投入自造世界。

材料

- » 數位相機：可拍照或錄影。
- » 具備影片編輯軟體的電腦：我們推薦 iStopMotion 的免費試用版，或是 50 美元的完整版。可在 boinx.com 上下載或購買。
- » 腳架（非必要）：不過我們建議使用。
- » 紙筆（非必要）：用來畫故事分鏡。
- » 道具（非必要）：例如椅子、服裝、讓你隱身在鏡頭下的紙箱。讓你的想像力動起來！

小技巧：如果要製造「飛起來」的效果，就跳起來拍攝照片；如果要拍攝時間比較長的飛行效果，就在拍攝影片時一直跳起來拍，然後刪掉你不想要的畫面。

小技巧：製作動畫時，可以用衛生紙來做出彩色的平面、揉成一團的彩色球體或是當作物件被粉碎後的畫面。

定格動畫是我最喜歡的動畫形式，不管是製作的過程還是單純觀賞我都喜歡。如果是全身實體的定格動畫，那你就必須離開你舒服的椅子，動起來製作它！

像是雷・哈利豪森（Ray Harryhausen）、酷狗寶貝（Wallace & Gromit）、岡比（Gumby）的定格動畫，你得一步一步的移動物件、拍照、再移動物件、再拍照，才能成功將靜止的物件動畫化。然後用影片編輯軟體把這些照片或「分鏡」串接起來，製造出「動」的效果。在實體定格動畫裡的人物，可以不移動腳步就平移到別的地方，也可以在一眨眼間改變身處的位置，甚至是飛起來；這也就是為什麼它叫做「定格動畫」的原因，因為它可以用一格一格的圖檔讓物體神奇地動起來。

1. 設計鏡頭

在進行這個步驟之前，可以先上 makezine.com/projects/pixilation 看看定格動畫的影片，激發你的想像力；然後把以下這些天馬行空的動作，融合進你的分鏡裡：消失、重現、穿牆、物件變形、讓東西溢出來或是爆炸、滑動、疾走、飛起來。

2. 決定畫面速度

試試看 8 FPS（frames per second，每秒顯示影格數）的速度，或是用 24 FPS 的速度，讓你的動畫更流暢。

3. 擺好相機與舞臺

4. 拍攝照片 #1

將動畫的角色放到舞臺上適合的位置（這叫「舞臺調度」），然後拍照。

5. 移動、按快門、再來一次

將場景裡的角色與道具逐漸移動，例如改變位置、動動角色的肢體，照第二張照片，再移動一次，照第三張照片。

6. 替換場景裡的道具或角色

你可以將更換角色，或是將畫面中的物品換個東西或顏色；只要用外套或毛巾蓋住原本的那個，然後讓它在畫面消失就可以了！

7. 將影片播出來看看

如果你是用 iStopMotion 就直接按下播放；如果是用其他軟體，要先把拍下來的照片先在時間軸上排列好，並根據你的 FPS 設定每個畫面的時間。

8. 分享

上傳影片跟大家分享吧！ ◉

想知道更多小技巧，或是與我們分享你的實體動畫影片，請上 www.makezine.com.tw/make2599131456/198。

1 2 3 用鍵盤做冰箱磁鐵

文：傑森·波爾·史密斯 ■ 插圖：茉莉·衛斯特 ■ 譯：孟令函

1

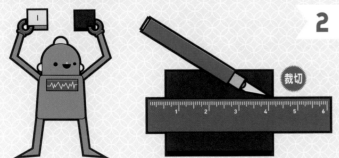

2

拆掉

裁切

想辦法把舊電子材料廢物利用一向是我的習慣；最近我發現我手邊有好幾個舊鍵盤，所以我決定用這些鍵盤上的字母鍵來做一組字母冰箱磁鐵。

1. 拆下按鍵

用一個扁一點的螺絲起子，把按鍵從鍵盤上翹下來。正常來講，只要一撬它們會直接彈出來。»看看按鍵背面，如果有凸出按鍵本體的部分，你就得先稍微把那些部分修整掉，這樣你等一下才能把磁鐵貼滿整個按鍵的背面。»你可以以用剪線鉗修剪按鍵，或是用尖嘴鉗直接把多餘的部分折掉。

2. 將磁鐵剪成方形

接著找些現成的廣告磁鐵（或做成磁鐵的名片）。»用剪刀或美工刀把這些磁鐵片裁成方形，要正好符合按鍵背面的大小。

3. 將按鍵與磁鐵黏合

用熱熔槍在其中一個按鍵的背面擠上一坨熱熔膠，然後直接把這個按鍵按上你剪好的磁鐵片。»接著讓磁鐵片的那面朝上，這樣黏合的效果會更好。然後就持續重複以上步驟，完成你的字母磁鐵吧！ ⊘

傑森·波爾·史密斯
Jason Poel Smith

在Make網站上製作了一系列「DIY小巧思以及製作技巧」的影片。他是個活到老學到老的自造者，任何領域他都願意學習。他的自造專題領域非常廣，從電子到手作，無所不包。

材料

» 鍵盤
» 廣告磁鐵或名片磁鐵
» 螺絲起子
» 剪刀
» 剪線鉗
» 尖嘴鉗
» 熱熔槍

3

黏起來

更多步驟照片請上makezine. com/projects/make-43/keyboard-refrigerator-magnets/。

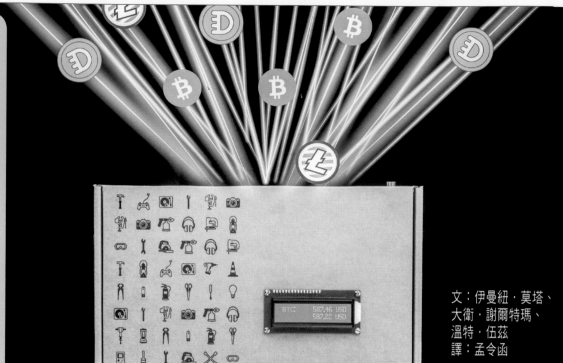

時間：
一個週末
成本：
100~160美元

材料

» **Raspberry Pi Starter 套件：**可在 makershed.com 購買，Marker Shed 網站商品編號 #MSRPIK2。
» **液晶顯示器（16×2）：**Maker Shed 網站商品編號 #MKAD15。
» **AC 電源轉接器：**Micro USB 以及 USB 適用，RadioShack 網站商品編號 ##2301747。

工具

» **電腦：**用來連接你的 Raspberry Pi。
» **乙太網路線：**用來將 Raspberry Pi 連接你的家用網路。

文：伊曼紐・莫塔、大衛・謝爾特瑪、溫特・伍茲
譯：孟令函

Crypto Currency Tracker
電子貨幣匯率追蹤器 即時獲知虛擬貨幣的現值。

　　你的比特幣錢包裡有多少錢？多吉幣的價值真的要一飛衝天了嗎？這個電子貨幣匯率追蹤器，會持續追蹤以下三種電子貨幣的價值（以美元為比較基準）：比特幣、萊特幣、多吉幣。只要有價格實惠的 Raspberry Pi 電腦，就可以自己製作了。

　　這個追蹤器的軟體是建立在 Raspberry Linux 上，並使用 Python 程式語言來做 JSON（JavaScript Object Notation）指令，下指令給每種不同電子貨幣市場函數。這些 code 從網路上把這些電子貨幣的匯率拉出來，然後顯示之前的匯率與現值。

1. 將零件組裝到麵包板上

　　將 Pi Cobbler、16×2的液晶顯示器、10K的電位計插在大麵包板上，然後跟著 makezine.com/crypto-currency-tracker 的步驟，把電位計跟液晶顯示器接在一起。

2. 連接 Raspberry Pi

　　將柔性扁平排線的白色那條（Pin1）接上 Raspberry Pi，接在靠近板子邊緣的地方；接著把藉著 Raspbian Linux 閃存的 SD 卡插入。最後，連接乙太網路線、

HDMI線、鍵盤，並連接用 USB 連接線連接的電源供應器為 Pi 供電。

3. 連上 Raspberry Pi

　　輸入「使用者名稱：pi」以及「密碼：raspberry」就可以登入。啟動時會出現你的 IP 位置，請將它寫下來，之後可以用它在 SSH 上安裝軟體。

4. 安裝 Python 虛擬環境

　　直接連接 Pi（包括鍵盤、螢幕、乙太網路線），或是使用 SSH。登入 Pi，然後從以下指令執行：

```
sudo apt-get install python-dev
sudo apt-get install python-setuptools
sudo easy_install -U distribute
```

5. 安裝 Git、pip、rpi.gpio

　　安裝 git，用來複製軟體庫：
```
sudo apt-get install git
```
　　安裝 pip，用來管理 Python 的套件：
```
sudo apt-get install python-pip
```
　　接著用 pip 來安裝 rpi.gpio，這是一種 Python 模組，用來控制 Raspberry Pi 的

input/output pin：
```
sudo pip install rpi.gpio
```

6. 安裝追蹤軟體

　　可以複製電子貨幣匯率追蹤器的儲存庫：
```
git clone https://github.com/Make-Magazine/wp14-raspberry-pi-cryptocurrency-tracker.git
```
　　將目錄改成剛剛複製的內容：
```
cd ~/wp14-raspberry-pi-cryptocurrency-tracker
```
　　然後設定 16×2液晶顯示器的程式庫：
```
git submodule init
git submodule update -recursive
```
　　最後就可將追蹤軟體當成根元件來運作：
```
sudo ./crypto_currency_monitor
```
　　這下就可以開始追蹤匯率了！這是個開放原始碼專題，要調整程式碼來追蹤其他貨幣也非常簡單，下次你想查詢電子貨幣的現值時，就別忙著找你的手機了，直接使用你的個人追蹤器吧！ ◼

詳細步驟說明以及影片請上www.makezine.com.tw/make2599131456/199。

Hep Svadja

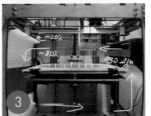

Ultimaker

Eric Chu

Ma-kus Seidt

Sam Murphy

艾瑞克・朱 Eric Chu
是個溜溜球駭客、機器人玩家、舊金山加州藝術大學的工業設計系學生，曾經在 Make: 實驗室的工程實習生，現在是3D列印技術的大師級人物。

文：艾瑞克・朱　譯：孟令函

3D Printer Mods and Hacks

3D印表機的巧思與改造 更好、更強、更快——讓你的印表機物盡其用。

正因為使用者不斷想到改良的辦法，桌上型3D印表機功能愈來愈強大了。試試以下3個巧思與改造法，讓你的列印機可以發揮得淋漓盡致。

1. 加熱玻璃板

哪種材質好？哪裡買得到？

不管你是要在一般玻璃上列印PLA材質，或再多上了一層膠的玻璃上印ABS樹脂，印好的成品冷卻以後都會神奇的自動從玻璃上脫落，不需要特別去撬它或拔它。

一般來說，普通的窗戶玻璃就很好用了，不過較會因為溫度變化而碎裂。耐熱玻璃通常用在烤箱的門上，它是一種耐熱材質，可承受大部分3D列印時的溫度。LulzBot、Airwolf 3D、McMaster-Carr等商家有在販賣裁切好的耐熱玻璃加熱板，25美元就可買到200mm×200mm的大小。如果想要裁切成其他尺寸，得多花一點錢，也比較難找到販賣的店家，因為願意這樣賣的店家不多，而且通常是用報價的。不過我們找到在蒙特婁的Voxel

Factory（voxelfactory.com）以44美元的價格為消費者提供客製裁切大小的服務。

2.Astrosyn 步進馬達電動避震器

更安靜、更精準

Astrosyn出品的這種避震器，是由兩片不鏽鋼片和一個硬橡膠中心結合而成。中心的硬橡膠會吸收步進馬達震動所發出的聲音，轉移到列印機底盤的震動也會因此減少。這個避震器會從一般的NEMA步進馬達滑脫；不過，只要有兩個螺絲孔，就可以將避震器牢牢的鎖上你的列印機了（找不到合適的螺絲，可用六角螺帽當隔片）。

我將避震器裝上了Ultimaker的X軸、Y軸的馬達，噪音很明顯的改善不少，但不符我的預期。其他種設計的3D印表機能會更適用，像delta。Astrosyn來自英國，所以在美國購買可能比較困難，我是在一個叫做「Delta robot 3D printer」的Google Group裡跟其中一個成員買的，一個差不多7美元含運費。美國本土也有幾個販售點，不過可能稍貴一點點。

3. 橫流扇

用又新又有效的方法來冷卻列印機

用橫流扇來冷卻印表機的方法是實驗性的替代方案；這取代了原本印表機前頭小型軸風扇。你可把一般用在冷氣的橫流扇裝到印表機的底盤上，並對準印表機吹。

Ultimaker論壇的成員正在測試這種冷卻方法，在PLA材質的列印過程有很棒的成果：橋接得更好、列印大型物件時產生的扭曲也減少了，更大大提升了列印小物件時的冷卻速度。不過冷卻的效果在ABS材質上就沒這麼明顯了，在某些情況下甚至會造成脫層。所以，請直接上Ultimaker論壇（makezine.com/go/crossflow）更深入了解吧。●

SKILL BUILDER+

EASY

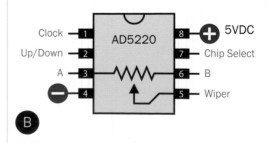

Photography by Make: Labs

時間：
3～4小時
成本：
10美元

查爾斯・普拉特
Charles Platt
著作有老少咸宜的入門書
《Make: Electronics 圖解電子
實驗專題製作》，他也是《電
子零件百科全書》第一冊和第
二冊的作者，第三冊正在籌備
中。makershed.com/platt

DIGITAL POTENTIOMETERS
數位電位計
創造光與聲的規律——完全不用微控制器。

文：查爾斯・普拉特 譯：謝明珊

數位電位計通常藏身在立體音響中，具有自動調整的功能，不勞我們費心。數位電位計的浮動電阻（可調電阻的意思），可改變光的顏色和亮度，亦可調整聲音的大小或頻率。任何受制於電壓和電流的因子，都可以被數位電位計所控制。

電阻的階梯

電阻階梯密封在晶片中，如同圖 Ⓐ 所示。電阻之間的連接點，稱為「接頭」。若有 127 個電阻（例如這個專題），就會有 128 個接頭，因為電阻階梯兩端也要有接頭。數位電位計的接頭數通常為 8、16、32、64、100、128、256 或 1024。

名字超無趣的接頭「A」和「B」，分別連接電阻階梯的兩端。第三個接頭稱為轉臂，則連接內部任何接頭。轉臂和 A 或 B 之間的電阻，採取微幅且不連續性轉換，但轉換過程很平順，適合調整立體音響音量等多項用途。

圖 Ⓑ 為數位電位計 AD5220 系列的接頭圖（AD5220 系列包括 AD5220BNZ10、

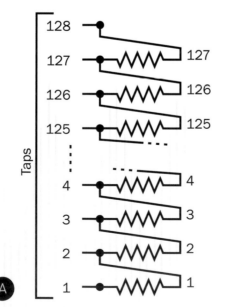

Ⓐ 數位電位計的接頭數目，永遠比電阻數目多一個，這個電位計有 128 個接頭、127 個電阻。

Ⓑ AD5220 系列的數位電位計，每個款式的接頭功能大致相同。

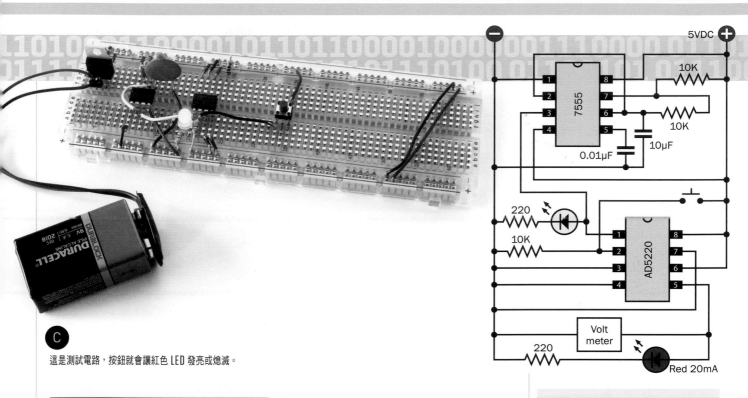

5VDC

Red 20mA

C

這是測試電路，按鈕就會讓紅色 LED 發亮或熄滅。

AD5220BNZ50和AD5220BNZ100，內部電阻分別為10k、50k和100k）。接頭Clock的脈衝，一次只移動接頭轉臂一階。接頭Up/Down的邏輯狀態，決定了轉臂前進A或B。接頭Chip Select必須接地以啟用晶片。

AD5220必須採用5VDC電源，以LM7805穩壓器搭配9V電池即可。A和B的功能一樣，所以兩側皆可接電源，但相差電壓不可以超過5V。

電阻的時序

以按鈕控制晶片的話，你必須設計防彈跳，才能夠避免電源突波。不過，這款晶片的電子儀控更容易（也更有趣），我建議採用型號為Intersil 7555的555計時器，簡易老式的555計時器會造成電源突波，讓數位電位計誤以為是計時脈衝。

圖 C 為測試電路，我把電阻階梯的兩端

（AD5220的接頭3和6）連接電源和接地，轉臂在兩者之間移動時，其電壓（接頭5）會在0V和5VDC波動。

紅色LED先斷開連接。電源開啟後，黃色LED會閃爍，以確認計時器正在傳送脈衝。AD5220的轉臂接頭，總是先停留在中央，轉臂電壓會逐步升高，因為Up/Down（接頭2）經由10k電阻接地。正當轉臂爬升電阻階梯，你會看到電位計顯示電壓，這時候壓住按鈕讓接頭2連接5VDC，電源輸出幾乎倒數為0V（實際數值取決於電源的內部電阻）。

紅色LED接上電源，跟電壓錶保持並聯，壓住按鈕讓晶片倒數，燈泡大約會慢慢變暗直到1.6VDC完全熄滅，畢竟LED就像二極管，具有最低電壓限制。我指定紅色LED，因為紅色比其他顏色需要較少的導通電壓，例如白色LED至少要3.2VDC（這些有用的知識，都收錄在我的書《電子零件百科全書》第二冊，你讀到這期雜誌的時候，就可以在書店買到這本書了，107頁有更詳盡的資料）。

如果你希望LED保持昏暗燈光，就必須在數位電位器的接頭3和接地之間添加電阻，順便加上電晶體，畢竟最好不要讓AD5220逼近極限20mA。

零件

» 麵包板
» 跳線
» 電源 5V DC：例如 LM7805 穩壓器搭配 9V 電池。
» 電阻 ¼W，100Ω（3）、220Ω（6）、6.8kΩ（1）、10kΩ（10）、15kΩ（1）、20kΩ（1）
» 陶瓷電容，0.01μF（3）、1μF（3）、1.5μF（3）、2.2μF（3）、10μF（3）
» LED，20mA，紅色（1）、綠色（1）、藍色（1）和黃色（3）
» 觸碰開關
» 數位電位計（3）：Analog Devices AD5220BNZ10。
» 555 計時器積體電路（3）：Intersil 7555。
» 計數器積體電路，雙路 4 位元，74HC4520（3）
» 電晶體，2N2222（3）

D 專為紅色 LED 修改的電路，所有亮度都難不倒它。

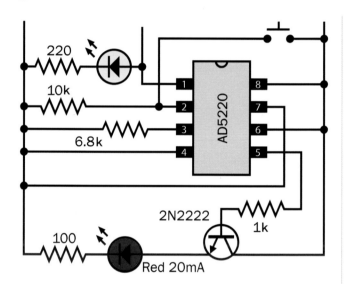

週期，然後再逆轉一次，如此循環不已。

這聽起來很像計數晶片！事實上，8位元二進位計數器，整個數完是256個週期，也就是128的兩倍。第一次數完128個週期，輸出從01111111變成10000000，最高有效位接頭（MSB）由低電位變高電位，在高處再度數完128個週期，MSB由高電位變低電位。就這麼簡單！我選擇內含128個接頭的數位電位計，以便採用8位元計時器。

圖**E**是最後的電路圖，採用74HC4520計時晶片，內含兩個相連的4位元計數器。所有輸出端都不連接，但MSB除外。

變得五彩繽紛

再製作兩個相同的電路，一個驅動綠色LED，另一個驅動藍色LED。然後，調整計時器的速度，讓兩個計時器不同步。現在混合兩種燈泡的光束，光束就會在色譜隨機移動。你必須調高綠色LED 6.8k電阻的數值，轉臂最低電壓和LED最低正電壓才會一致。藍色LED也要如法炮製。這會是不斷嘗試和犯錯的過程。

現在來聽聲音

目前為止一切順利，但重頭戲還在後頭。如果拿來控制音效呢？現在把555計時器連接音頻。我們不用原本的計時電阻，而是插入數位電位計（另外附有5k串聯電阻，電壓永遠不會降為零）。如同前述作法，加上8位元二進位計數器後，就會聽到高高低低的音調。

光有上上下下，你很快就會膩了。這時候不妨參考我的書《Make: More Electronics》（中

圖**D**為之前電路圖的下半部，有另外重新配置過。6.8k電阻所帶給轉臂的最低電壓，其實是2VDC而非0V，所以LED不會完全熄滅。此外，由於電阻為電路帶來等效電阻，紅色LED的串聯電阻從220Ω轉為100Ω。通過LED的電流，最大值達到18mA，後來幾乎降為0mA，你不妨用電位計確認是否如此。現在以1μF時序電容取代10μF時序電容，LED會快速而平穩的亮起和熄滅。

下一步：完全自動化！

我們把按鈕淘汰，換成能夠自動逆轉週期的好東西。另一個（比較慢的）計時器輸出端可以接到Up/Down，但容易跟第一個計時器不同步，於是我們需要一個零件，它會默數128週期，再逆轉Up/Down的邏輯狀態，接著繼續數128個

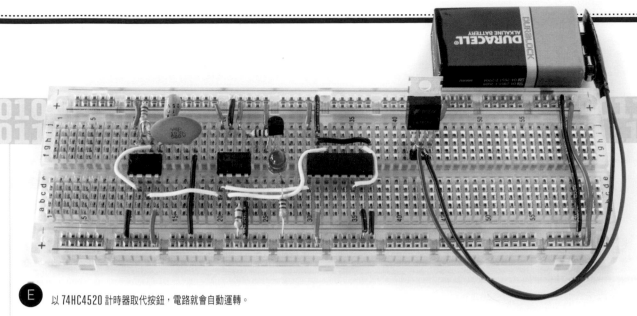

E 以 **74HC4520** 計時器取代按鈕，電路就會自動運轉。

文版預計由馥林文化出版），試著製作更簡單的線性反饋移位暫存器（LFSR），營造出準隨機的上下輸出。以這個取代 Up/Down 的計數器，你會聽到全自動電子音樂，超乎你的預期。再不然利用線性反饋移位暫存器，為你的燈光電路增添隨機性。

除此之外還有其他可能性。10k電阻版本的 AD5220，最高可以容許 650 kHz。如果你更保守一點，從 650 kHz 降至 300 kHz，上下循環一次的速度，差不多達到每秒 1200 次。1.2 kHz 是人類可以聽見的頻率，你只要透過擴大器，就可以把數位電位計的波動輸出傳給擴音器，進而聽到很清楚的三角音波。至於設定音頻的計時器，你也如法炮製移除原本的計時電阻，換成了數位電位計，以線性反饋移位暫存器進行控制，就會聽到很特別的隨機音樂。

這當然不是數位電位計的預期用途，卻可以增添不少樂趣。

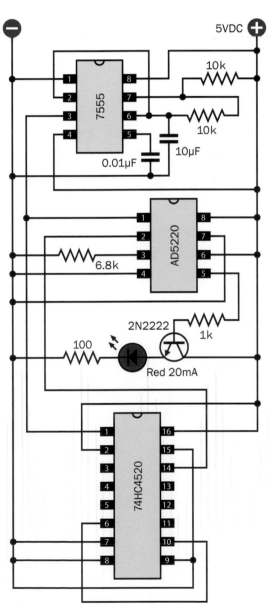

EASY 微距的極致 把手機安裝在顯微鏡上，拍出驚人特寫。

Extreme ZOOM
圖、文：班·克拉斯諾　譯：謝明珊

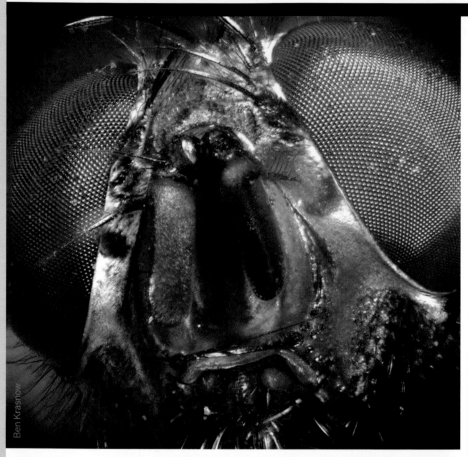

Ben Krasnow

高解析度的昆蟲照片一直讓我著迷不已。小動物埋藏著大細節，令人印象深刻且驚嘆連連。這些昆蟲每天都在我們周遭爬動，卻因為我們的不在意和缺乏顯微鏡而忽略了其中的奧祕。你不需要高檔的相機，甚至只需要手機的相機就能夠拍出好作品。只要勤加練習，你就能捕捉到微距世界的高品質影像，並且跟大家分享。

一般來說你會偏好燈光由上往下打在樣本上的低倍率雙筒顯微鏡，但如果有燈光由下往上打在樣本上的現成傳統單筒顯微鏡，操作起來也很容易。

製造合適的光線環境

如果顯微鏡的燈光由上往下打，你可能要增加光線——亮度愈高，影像愈美。有一個方法是拆掉桌燈，你會看到螢光燈管圍著放大鏡，這時候把放大鏡拿掉，確認燈光能不能調整位置，要能夠從四面八方照射樣本，但不要干擾到顯微鏡本身（圖 A）。

再不然，你至少買兩架鵝頸檯燈，例如IKEA所販售的Jansjo檯燈（圖 D），很多專題都用得到，也不用浪費時間做改造。

塑造相機座

你只要利用可塑形塑膠，舉凡InstaMorph和Shapelock，就可以把手機或傻瓜相機固定在顯微鏡上。可塑形塑膠呈球狀，泡熱水就會軟化，可塑造成各種形狀，跟黏土有異曲同工之妙。它可包覆住你的顯微鏡接目鏡和相機或手機，就算冷卻也不會變形（圖 B），而且不會沾黏，方便移除相機。

顯微鏡底下的樣本，千萬要有足夠的光線，施用可塑形塑膠的時候，記得把相機打開。就算只有些微的誤差，也可能拍不到影像，所以我以小鉤子輔助可塑形塑膠，把手機固定得很牢（圖

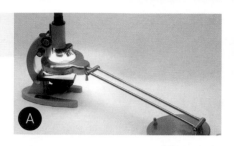
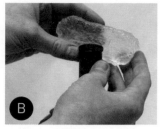

A　**B**　**C**　**D**

C 和圖 **D**)。

如果你的相機鏡頭可以拿掉（例如數位單眼相機），乾脆把鏡頭和接目鏡拿掉，讓相機直接貼在顯微鏡上方，這樣拍出來的效果最好。你不妨拆解壞掉的相機鏡頭，將其鏡頭支座廢物利用，有助於可塑形塑膠連接顯微鏡圓筒和相機（圖 **E** ），不然就採用機器製成或 3D 列印的適配器（在 makezine.com/go/microscope adapters 上有很多公開的設計）。

調整相機設定

儘量把焦距設定在無限遠，直接用顯微鏡調節輪控制焦距，讓相機的自動對焦功能暫時休息。

曝光也要手動設定，讓多張影像擁有相同的亮度。

大多數相機可以讓使用者設定白平衡，以提升整體拍攝品質。你不妨在顯微鏡底下鋪白紙，把所有光線布置好，再啟動這項功能。

拍照就利用有線或無線遙控器，調整焦距就用顯微鏡的調節輪，完全不會動到相機。

小心蒐集樣本

你可以用大頭針、可塑形黏土或塑鋼土來固定昆蟲等物體（圖 **F** ）。

到窗臺看看有沒有昆蟲屍體吧！如果想拍攝你發現的活體昆蟲，殺牠的同時，難免會毀損屍體。有一個方法是把活體昆蟲放在小罐子，小心地噴入一些氣體。氣體會取代罐中的氧氣，以儘量人道的方式殺死牠，也不會毀壞其屍體。

拍攝多張影像

一旦你開始拍小東西，你會發現每次對焦的部分少得可憐，就像這個紫色硼化鑭小晶體（圖 **G** ）。

這就是光學的物理限制，但只要運用小聰明就可以克服：在不同焦距設定下，拍攝 10 張以上樣本的照片，把這些照片合在一起，集結每張照片清晰的部分，就會產生完全對焦的影像。

這項技巧稱為疊焦（ focus stacking ），利用 Adobe Photoshop 和免費軟體 CombineZM 即可搞定。先按照上述方法設定相機，再以顯微鏡調節輪調整焦距，先對準樣本的最上部，拍照後轉動調節輪，把焦點微微下調，再拍一張照片，持續拍到樣本的最下部，把所有照片複製到電腦，以疊焦軟體合成一張清晰的照片（圖 **H** ）。

我希望這些技巧能透帶領你探索微距世界，進而跟大家分享你的創意版本。你會以全新的方式，拍攝昆蟲、冰晶、植物、岩石組織等日常生活中的驚奇與美好。

班‧克拉斯諾
Ben Krasnow

目前在 Google X 和 Valve 任職，專門打造強化原型和虛擬實境硬體。想知道他更多的專題，歡迎造訪他的 YouTube 頻道「 AppliedScience 」：youtube.com/braz333。

E

F

G

沒有顯微鏡嗎？

如果沒有顯微鏡，你可以花不到 100 美元買新的，也可以到拍賣買二手的。Amscope SE100-ZZ 並不貴，也符合我們的需求。拍照的時候，你只會用到單筒，但雙筒是顯微鏡觀察的良伴。

H

TOOLBOX

GoPro Hero 4系列 攝影機

價格不一：**gopro.com**

最新的 GoPro 攝影機系列具備的功能可說是應有盡有，但少了讓 GoPro 最特別的一點。

所有的攝影機都是一種妥協。所有想要捕捉世界的美好的人都希望手上的攝影機使用方便、輸出美麗的畫面，而且不會讓錢包大失血。GoPro 幾年前出品的攝影機填補的獨特利基是一種能上山下海、便宜、操作簡單，而且影像傑出的攝影機。他們的弱點是影像品質無法滿足頂端使用者的期待。

在去年的 Hero 3+ 削弱了這樣的抱怨後，Hero 4 銀版和黑版攝影機把那樣的聲音完全掃除。能以 30 fps 拍攝 4K 影像（限黑版）的最新攝影機提供專業級的影像品質，而且終於讓使用者可以控制一些曝光和色彩平衡設定。新的夜間攝影設定還提供驚人的長時間曝光和縮時攝影選項。

但這些攝影機妥協的地方是價格。雖然把前幾代的攝影機形容為「拋棄式」有點誇張，但至少他們是可以犧牲的。Hero 4 的銀版和黑版分別高達 400 和 500 美元的價格會讓你對讓它空中遨翔這件事三思，即使那是 GoPro 攝影機最能一展長才的地方。而且雖然基本款的 GoPro Hero 攝影機仍很平價，它們缺少了進階款攝影機的優勢功能。

——泰勒・偉恩加納

Hep Svadja

Honeywell的Howard Leight
同步立體聲耳罩
36 美元：**howardleight.com/ear-muffs/sync**

身為一個需要短距離通勤的忙碌父親，我幾乎沒有機會搖滾或逃進「金屬」的世界。唯一的例外是用高噪音的電動工具工作時。我有用過藍牙耳機，也很喜歡它的方便性，但音量比不過除草機或其他高噪音工具的聲音。我的耳朵負荷加倍，但聽范‧海倫的樂趣卻減半。

現在我很愛用同步耳罩，它是造型像耳罩式DJ耳機的工業級聽力保護耳罩，備有高級內建音效（和可卸式音源線，讓它可以單純作耳罩使用）。他們把音量上限定在安全的82dB，但這樣也就夠了，因為25dB的減噪等級能讓你不受砂輪機、旋轉碎土器或嬰兒哭鬧的荼毒，能專心於家事或工作室的各種作業。

——科思‧哈蒙德

Shaviv
去毛邊工具組
20 美元：

vargus.com/shaviv

如果從來沒聽過去毛邊工具也沒關係，因為它們通常是不會在一般家用五金店看到的工業用工具。話雖如此，當你第一次使用去毛邊工具後，你就會恨自己之前為何要用剉刀，甚至砂紙，來去除尖角和毛邊。

Shaviv Mango II工具組有所有你需要的：轉環把手、幾個可以用於多數常見形狀和材質的多用途刀片，還有可以讓刀片伸入狹窄部位的延伸刀把。

——史都華‧德治

Bondhus球形內六角扳手
26 美元：**bondhus.com**

球形六角起子適合用在機器人專題和其他任何需要用到六角螺栓的地方。Bondhus工具組含有分別的英制和公制單位工具，備有GoldGuard和BriteGuard表面處理，讓L型扳手容易清理和辨識。

短端的直六角最適合高扭力的應用，而球形六角的尖端讓旋轉更快，也更容易取用。不需要直直進入六角螺絲頭，球形六角尖端可以從稍微傾斜的角度進入螺絲。

這些Bondhus起子堅固耐用，而且對美國製造的工具而言非常便宜。

——SD

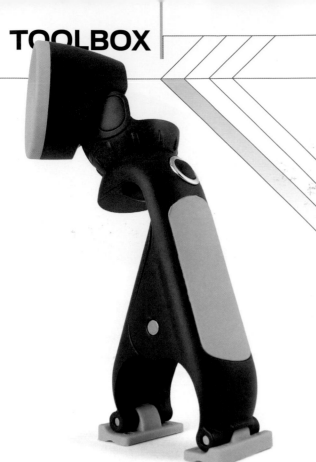

BLACKFIRE露營燈

28美元以上：blackfire-usa.com

Blackfire露營燈是一款好用的免持LED手電筒，其核心是強大的1瓦Cree LED，能以一組3個四號電池連續26小時輸出100流明。它有相當高的效能，但真正突出的地方在它的包裝。手電筒的主體是一個彈簧夾，讓它可以固定在各種物體上，例如水管或桌緣。它的頭部由兩個軸支撐，能把光照到任何你需要的地方。如果手電筒沒地方可以夾，就把夾墊翻過來，它的迷你支架就能讓它站立在地面或桌面，不需其他支撐。

——艾瑞克・偉恩荷佛

Stuart Deutsch

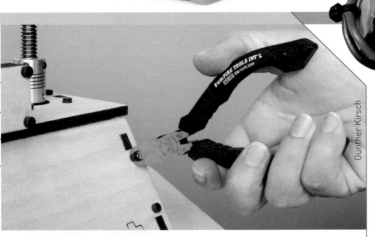

Gunther Kirsch

VAMPLIERS MINI

30美元：vampiretools.com

如同其他我用過的Vampire工具，Vampliers Mini是用高級材質製做的堅固工具，用起來樂趣無窮。雖然和「原版」Vampliers比起來尺寸較小，使用的彈性也較低，Mini版同樣是以高級的防靜電放電把手材質完美製做，更有能抓住螺絲的垂直鋸齒。和原版不同的是，它在把手上多了鑰匙圈孔增加運送方便，而少了彈簧，讓它可以用闔上的狀態存放。

如果不是要整天處理小型的電子零件，我還是會推薦使用標準版的Vampliers，但Mini版對一般的剝開和取出螺絲的作業妙用無窮，是適合為任何工具箱添購的小幫手。

——EW

MAXXPACKS
客製化電池組

價格不一：maxxpacks.com

對部分專題而言，三號或四號電池架加上幾個鹼性或充電電池就夠了，但對有馬達或高耗能元件的專題而言，要找到合適的電池組就沒那麼簡單。

我最近有個機器人專題需要兩個方形的9.6V鎳氫電池組，但找不到適合的現成產品。我最後發現了MaxxPacks並且在它們的網路商店找到合適的電池組。不僅如此，他們還可以用我需要的接頭製作。

跟MaxxPacks買電池組是很棒的經驗，我也對他們的品質和服務速度感到滿意。我的控制狂性格讓我對於在下訂之前能瞭解電池組的詳細資訊感到很滿意，包含放電率、容量，甚至是電池組所用的電池廠牌。

——SD

NEW MAKER TECH

MICROVIEW

40美元：sparkfun.com

有時候，要知道Arduino在想什麼很不容易。這就是為什麼Geek Ammo創造了MicroView。這是一款晶片大小的Arduino相容模組，在上方備有內建的64x48畫素OLED顯示螢幕。它有12個數位I/O接腳（其中3個可以進行PWM、六個數位輸入，而且可以接受3.3到16瓦的電源。因為開發板在DIP套件中，它可以輕鬆推到麵包板上進行原型設計。

顯示器由他們的Arduino資料庫控制，如此可以很容易在螢幕上繪出文字、子畫面、圖形和線規，成為互動選單、讀出，或瞭解晶片的運作情形。

——麥特・理查森

Pololu DRV 8835雙馬達驅動Arduino擴充板

7美元：pololu.com

讓你能輕鬆控制馬達、伺服機和步進馬達的Arduino相容馬達擴充板有很多種，但大多是為了滿足多種需求的單一尺寸設計。Pololu最新的DRV 8835雙馬達驅動擴充板是一款更單純、更小，而且非常便宜的擴充板，可以用來控制一個或兩個小型的有刷直流馬達。

這款擴充板可以在兩個頻道同時輸出1.2 A（峰值1.5 A）的連續電流，或在兩個頻道並聯時輸出2.4 A（峰值3 A）的電流。它有6個螺絲固定的電極，其中兩個用於外接1.5 V到11 V的電源供應，另外6個用於兩個馬達的控制頻道。

——SD

NAVIO自動駕駛擴充板

150美元：emlid.com

在自動控制機器人的專題中可以看到幾個常見的感測器、功能和特色：GPS導航、加速度計、陀螺儀3D定位、方位感測器、馬達控制器、類比輸入和無線接收器等。來自EMLID的Navio自動駕駛擴充板把上述功能和更多功能裝進小小的Raspberry Pi子板上。Navio是為ArduPilot APM自動駕駛的Linux版設計的實驗性硬體平臺。ArduPilot APM是一個自動控制機器人所使用的開放原始碼軟體套件。

Navio可以幫助您製做飛機、車、船或無人飛行器的控制器。也因為是建立在Raspberry Pi上，可以輕鬆用其他軟體資料庫來延伸自動控制機器人專題的功能性，例如Wi-Fi、網路攝影機、GSM等。

——MR

EnOcean感測器組和 EnOcean Pi

70美元（整組）、26美元（外接板）：element14.com

使用無線感測器的時候會遇到的挑戰之一是每個感測器單元要如何供電。有了EnOcean感測器組和EnOcean Pi外接板，唯一需要直接供電的是Raspberry Pi。每個無線感測器模組會取得自己需要的電力，可能來自環境光線或動能。來自element14的感測器組含有一個磁簧開關、一個溫度感測器和一個按鈕開關。

EnOcean Pi會從感測器收到無線訊號，並將訊號透過序列傳送給Raspberry Pi。EnOcean提供一個讀取FHEM資料的指引；FHEM是一個用於家庭自動化的開放原始碼伺服器。對經驗豐富的編碼人員而言，不管專題是用什麼語言寫成的，都可以藉此應用感測器。

——MR

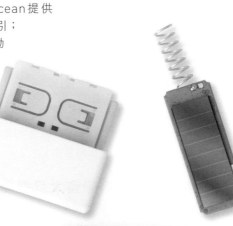

CUBE 3

文：約翰・亞貝拉
譯：屠建明

以家電為定位的3D印表機終於出現了嗎？

Cube 3 | cubify.com
- 測試時價格：999美元
- 最大成型尺寸：734×523×401mm
- 成型平臺類型：鋁板加熔接塑膠頂層
- 溫度控制：無
- 材料：專用ABS或PLA
- 離線列印：透過Wi-Fi或USB
- 機上控制：彩色觸控螢幕
- 主機軟體：Cubify
- 切層軟體：Cubify
- 作業系統：Windows、Mac、iOS、Android
- 開放軟體：未開放
- 開放硬體：未開放

Hep Svadja

列印評分：29

● 精確度		1	2	3	**4**	5
● 層高		1	2	3	**4**	5
● 橋接		1	2	3	**4**	5
● 懸空列印		1	2	3	**4**	5
● 細部特徵		1	2	3	4	**5**
● 表面曲線		1	2	**3**	4	5
● 表面總評		1	**2**	3	4	5
● 公差		1	2	3	4	**5**
■ XY平面共振			不合格		合格	**(2)**
■ Z軸共振			不合格		合格	**(0)**

專業建議

● 設計中包含的列印準備是在每次列印前塗上一層隨附的CubeGlue黏膠，而且在每次列印前需清除黏膠，因為它會干擾光學校平程序。我藉由跳過校平程序把黏膠重複使用在很多次列印上。有了黏膠，我在進行大型的長時間列印時沒有遇到捲曲問題。

購買理由

3D Systems的第三代Cube印表機很有希望拿下家電型3D印表機的寶座。它知道你裝的是ABS還是PLA線材匣、線材是什麼顏色，並做出所需的調整。它知道你用了多少線材，所以如果剩下的線材不夠列印的話，它會發出警示。

Cube 3的功能讓它從無數的新機型中脫穎而出。彩色觸控螢幕、Wi-Fi及USB隨身碟列印、透過iOS和Android裝置列印、自動校平、自動Z軸校正和雙色列印都是它的標準功能。

每個線材匣都有新噴嘴

在Cube 3上只能使用專用的碎狀線材匣，價格較貴，裝載的塑料也比軸狀線材少，但每個匣都有一個新的噴嘴，降低了堵塞的機會。

可靠的雙噴嘴

相同價位的3D印表機沒有其他機型能像Cube 3這樣提供雙色列印和我使用時所體驗的容易和可靠度。我在一般的STL檔案中個別為部位上色，再以雙色印製，不需要複雜的對齊或麻煩的STL檔案合併。雙色列印速度很慢，但成果都相當好，所以沒什麼可以抱怨的。

設計出色，但噪音大且速度慢

我感覺這是我們測試過的印表機中噪音最大的之一，你不會想要看電視的時候聽它在旁邊印。它的外殼會共振，而它的馬達也會在初始的非列印動作中嘗試超越活動範圍極限。列印的時間很長，但成功率很高；這對入門使用者而言是可以接受的平衡。

就它的價位而言，它的工業設計遠遠超越競爭者。整合線軸架、光學列印臺校平、整合照明和線性軌道的組合提升了這個價位的品質標準。此印表機特別設計讓好奇的小孩不會被機器夾到或燙傷。

無法微調

印表機、軟體和線材都有嚴密控管，讓使用體驗更單純，但反過來看，使用者無法藉由微調來提升品質。終端使用者不會看到G-code，而溫度及速度等變數也是保密。

結論

這款機器不適合想要進行微調和追求完美成品的使用者。Cube 3適合想要列印、沒時間浪費，而且願意為了塑料和方便使用的工具鏈多付些錢的使用者。◣

列印成品

約翰・亞貝拉
John Abella
是狂熱的自造者和3D列印玩家。他和BotBuilder.net合作指導3D印表機組裝工作坊。

CUBEPRO

文：麥特‧史塔茲
譯：屠建明

這臺大型、頂級的機器可不是一般的家用印表機

CubePro | cubify.com
- 測試時價格：4,399美元
- 最大成型尺寸：200.4×230×270.4mm
- 成型平臺類型：無加熱專利材料列印臺、加熱建造室
- 溫度控制：無
- 材料：專用ABS、PLA、尼龍線材匣
- 離線列印：透過Wi-Fi或USB
- 機上控制：LCD觸控螢幕
- 主機軟體：CubePro軟體
- 切層軟體：CubePro軟體
- 作業系統：Mac、Windows
- 開放軟體：未開放
- 開放硬體：未開放

列印評分：28

● 精確度	1 2 3 4 **5**	
● 層高	1 2 3 4 **5**	
● 橋接	**1** 2 3 4 5	
● 懸空列印	1 **2** 3 4 5	
● 細部特徵	1 2 3 **4** 5	
● 表面曲線	1 2 3 **4** 5	
● 表面總評	1 **2** 3 4 5	
● 公差	**1** 2 3 4 5	
● XY平面共振	不合格	合格（2）
● Z軸共振	不合格	合格（2）

專業建議

● 塗上黏膠之後先讓它乾燥一下再列印，讓成品不會滑動。

● 在使用ABS印製前必須卸除所有的PLA，所以在裝塑料之前先確認要用什麼材質。

購買理由

這是一款大成型尺寸、專業設計的機器，定位在為一般家庭使用者設計的印表機和專業市場印表機之間。 可以透過Wi-Fi連線或連線至現有網路或特別建立的專屬網路。

從看到90磅重的**CubePro**被放在棧板上用貨車運來，你就知道這不是一般的家用印表機。3D Systems的這款機器適合認真的3D列印迷和需要更可靠和專業的印表機的公司。

多噴頭、多種碎塑料

有單、雙和三噴頭的機型可供選擇，但每個額外的噴頭都會降低成型空間（單噴頭成型寬度是285mm；三噴頭是200mm）。多種噴頭可以印製多種材質。3D Systems為CubePro提供ABS、PLA和尼龍線材匣。內嵌的微晶片會告訴機器裝填的是什麼材質，還有剩下多少，但同時也讓非專用的線材無法使用。

加熱成型室

桌上型3D印表機以加熱成型平臺來防止ABS成品捲曲和從成型表面翹曲。然而，外露的印製區域可能會因氣流造成冷卻不平均和破裂。CubePro採用和高級專業印表機相同的封閉式加熱設計來避免此情形。

軟體上的缺點

雖然CubePro的軟體使用方便，但也有很重大的限制。列印選項僅提供三個等級的列印品質和充填。其提供的估計時間和實際印製所需時間也常常相差甚遠。

我遇到最大的誤差是估計45分鐘的列印花了2小時30分鐘才完成。

使用PLA列印時，機器使用的高溫（使用者無法調整）讓任何類似倒懸的部位下垂。我們的橋接測試在所有列印等級都失敗。圓弧和斜頂的列印效果很好，但頂部是大型平坦表面成品就出現噴出過多和列印臺高度等問題。但是，我看過CubePro的beta版測試，印製品質有隨著軟體更新而提升。

結論

CubePro會很適合和辦公室裡的影印機放在一起，而且更換線材匣就像更換碳粉匣一樣。然而，多數居家使用者會比較難找到擺放的空間，也比較不會需要CubePro的效能。

列印成品

麥特‧史塔茲
Matt Stultz

是社群主辦人，也是3D Printing Providence 和 HackPittsburgh 的創辦人。他是職業軟體開發人員，而這也激勵了他成為自造者的熱情。3DPPVD.org

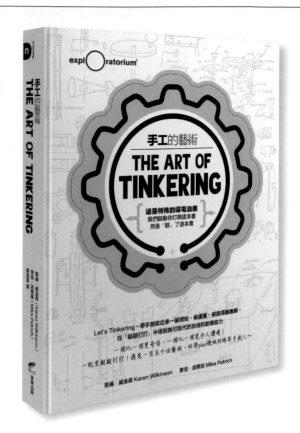

如何製作穿戴式電子裝置

設計、製作、穿上自己做的互動裝置吧

凱特・哈特曼

580元　馥林文化

想像你的衣服能依照你的皮膚顏色變換色調、對你加速的心跳做出反應、鞋子可以變化高度、夾克可以顯示下一班巴士抵達的時間。歡迎來到穿戴式裝置的世界！

身體是我們與世界接觸的媒介，因此身上穿戴的互動式電子產品比其它產品更直接、更緊密。我們身處於一個穿戴式科技正要蓬勃發展的時代，舉手投足之間都可以看到穿戴式科技。穿戴式科技可以與手錶和眼鏡結合，記錄我們的活動，讓我們置身虛擬世界，不管是在時尚、功能，還是人與人的連結方面，穿戴式電子裝置都能夠用來設計隱密且吸引人的互動系統。

《如何製作穿戴式電子裝置》是專門為那些對於身體數據計算有興趣、正在創造可存在於人體表面的連接裝置或系統的人所撰寫。尤其適合想踏入穿戴裝置領域的自造者，這本書提供了工具與材料列表、介紹可穿戴型電子電路的製作技巧，以及將電子裝置鑲嵌在衣服或其他可穿戴物件上的方法。

每個章節會有實作實驗讓你更容易瞭解這些技術，並邀請你實際動手運用這些知識來製作專題。擁有圖解步驟說明、藝術家和設計師的作品照片，這本書提供具體的方式讓你理解電子電路，和該如何運用這些技術將你的穿戴式專題從概念變成具體的作品。

手工的藝術

凱倫・威金森、麥克・派翠屈

690元　商周出版

敲敲打打就是繞著讓人著迷的東西、工具和材料團團轉；透過用你的雙手敲敲打打，在做中學。敲敲打打就是放慢腳步、讓自己對平常周遭的這些日常物品感到好奇，著迷於他們的構造。敲敲打打就是好玩、有趣，經常此路不通、讓人無計可施，而最重要的，還是尋尋覓覓的過程。

工具不只是好用而已，他們還是批判思考的延伸，讓你可以實際去調查物品運作的方式。就去撬、去鑽、去敲，去轉出一條通往更深層了解的私人路徑。當你學會怎麼使用毛氈針、萬用測量計或是小型鑽子，就會開啟通往無限可能的世界，在那裡你可以修東西、混搭東西，把新的東西帶到這世上來。

歡迎來到敲敲打打的藝術世界，歡歡喜喜地用自己的雙手從做中學。本書除了介紹該領域的藝術家，深入他們是如何一路敲敲打打過來的歷程，還附上以同樣類似的工具素材或是技巧完成的其他作品，以及你也可以親自嘗試的習作。本書裡我們收集了一些常見的建議，以及一些點子，在敲敲打打的工作中可以作為指南。希望可以在你的敲敲打打冒險中幫你一把。

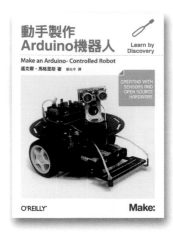

動手製作 Arduino 機器人
邁克爾・馬格里斯

420 元　馥林文化

以前要製作能夠感知並與環境互動的機器人需要相當高的技巧，但是Arduino的出現讓一切都變得非常簡單。透過本書和Arduino的軟硬體開發環境，你可以學習到如何製作和用程式控制機器人，讓它行走、感測周遭並完成各種任務。只要你有一點點程式的概念和對電子的濃厚興趣就可以開始製作書中的專題。

閱讀本書你將可以了解：讓機器人的移動、偵測障礙物、感測器和控制相關概念；如何用Arduino製作二輪及四輪機器人；用馬達擴充版、感測器和DC直流馬達控制機器人；了解距離感測器、紅外線感測器和遙控裝置的用法。

FAB：
MIT 教授教你如何製作所有東西
尼爾・格申斐德

350 元　行人出版社

在工業革命後，生產了許多可以滿足大部份人欲望的商品；然而，仍有一些非常個人的欲望，在商品化提案的過程中，因為成本、市場因素永遠不會被納入考量。「既然無法買到，那就自己做吧！」秉持這信念，這些人開始走向因為「我自己」需要，所以我靠自己的力量，去學會如何製造出能滿足這個產品的所有生產流程，這就是推動「個人製造」（personal fabrication）這股風潮的力量。

從電腦主機到人手一臺的桌上型電腦，「電腦個人化」使得我們可以靠個人的力量在虛擬世界中完成很多事；從工廠的大量製造到現在「工業個人化」，只要一個空間、幾臺機器，就能利用這一條簡單的生產線，在硬體世界裡做到幾乎任何自己想做的東西，這個過程稱為「自造革命」。

職人 JJ 的私房冷製手工皂：
26 款人氣配方大公開！
JJ

360 元　馥林文化

手工皂好洗好用好環保，已經成為現代人清潔的流行趨勢，自己DIY手工皂更是令人安心，不僅天然也能兼具時尚外觀。但要如何渲染出一鍋賞心悦目的皂呢？本書作者JJ教你掌握分鍋時機、入色訣竅、基礎選染技法，攪出一鍋適合自己與家人的皂！

手工皂達人JJ在本書中是首次公開私房作皂配方。教你除了用基礎油做皂，更可以用特殊油作皂，藉此擺脫化學香精，開啟無毒健康生活的第一步。不管你是油性皮膚、乾性皮膚、敏感混和性肌膚、換季、過敏都別怕，自己做手工皂，滿足生活各種需求！

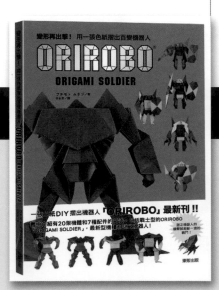

變形再出擊！
用一張色紙摺出百變機器人

フチモト ムネジ

300 元　台灣東販

本書作者暨大受好評的《一張色紙DIY摺出機器人》之後，再度推出利用隨手可得的色紙來摺機器人的最新刊，只要跟著作者的創意發想，選定一張自己喜愛的色紙，不需使用剪刀、膠水也不用花大錢，就可以摺出一個個造型酷炫又有趣的摺紙機器人，不論是大朋友或小朋友，都一定能夠從中獲得無比的樂趣。

承襲前作，作者繼續將各種機器人機型仔細分類，介紹各種機器人與配件的摺法，並書的每個機器人完整的故事，包括了機器人的故事、進化史、背景資料、組合基本資料……等，讓機器人宛如真實人物般的存在在你我的周遭。

SPECIAL OFFERS

自造者世代 <<<<<<<
從您的手中開始！

讓我們幫您跨越純粹理論與實際操作間的最後一道門檻

方案 **A** ········· 新手入門組合 <<<<<<<<<<

訂閱《Make》國際中文版一年份＋
Arduino Leonardo 控制板

NT$**1,900** 元

（總價值 NT$2,359 元）

進階升級組合 <<<<<<<<<<

方案 **B**

訂閱《Make》國際中文版一年份＋
Ozone 控制板

NT$**1,600** 元

（總價值 NT$2,250 元）

微電腦世代組合 <<<<<<<<

訂閱《Make》國際中文版一年份＋

Raspberry Pi 2控制板

NT$2,400 元

（總價值 NT$3,240 元）

自造者知識組合 <<<<<<<<

訂閱《Make》國際中文版一年份＋

自造世代紀錄片DVD

NT$1,680 元

（總價值 NT$2,110 元）

注意事項：

1. 控制板方案若訂購 vol.12 前（含）之期數，一年期為 4 本；若自 vol.13 開始訂購，則一年期為 6 本。
2. 本優惠方案適用期限自即日起至 2015 年 10 月 31 日止

「ACME型錄第115頁：戰貓」
"ACME Catalog, Page 115: Battle Cat"

文：詹姆士·伯克　譯：屠建明

「**先生，這是個高明的選擇。**它是我們最高級的產品之一，也是我們ACME春季型錄的全新品項之一。有什麼讓您特別有疑問的地方嗎？當然了：它是盔甲專家傑夫·德波爾（Jeff de Boer）數十年研究的成果。

我向您保證，他是這個領域的專家。他的作品正在接受利茲皇家軍械博物館的檢驗。他們絕對不會接受任何不完美的作品。他更是出生在錫匠家族。是的，他畢業於亞伯達藝術設計學院，主修珠寶，但後來改為專攻貓科盔甲。我們有各式精心打造的盔甲，從中古時期的設計到封建武士風格都有。如果想要訂做，會需要120到300小時的工作時數。

這一定會讓鳥類措手不及的（但是要注意的是，德波爾也幫老鼠製做護具）。我們有幾件庫存，也可以為您趕訂單。如果您現在電話下訂，將可獲得我們引以為傲的即時快遞服務。您可以信任ACME所提供來自各個產業的最高品質，不論是過度精細的走鵑陷阱或不穩定得莫名其妙的炸彈。可以嗎？好的。您可以隨時給我您的卡號。請問您貴姓呢，席維斯特？」

Jeff de Boer

請務必勾選訂閱方案，繳費完成後，將以下讀者訂閱資料及繳費收據一起傳真至（02）2314-3621或撕下寄回，始完成訂閱程序。

請勾選	訂閱方案	訂閱金額
☐	《MAKE》國際中文版一年＋限量 Maker hart《DU-ONE》一把， 自 vol._____ 期開始訂閱。※ 本優惠訂閱方案僅限 7 組名額，額滿為止	NT＄3,999 元 （原價 NT$6,560 元）
☐	自 vol._____ 起訂閱《Make》國際中文版 _____ 年（一年 6 期）※ vol.13（含）後適用	NT＄1,380 元 （原價 NT$1,560 元）
☐	vol.1 至 vol.12 任選 4 本，_____	NT＄1,140 元 （原價 NT$1,520 元）
☐	《Make》國際中文版單本第 _____ 期 ※ vol.1～Vol.12	NT＄300 元 （原價 NI$380 元）
☐	《Make》國際中文版單本第 _____ 期 ※ vol.13（含）後適用	NT＄200 元 （原價 NT$260 元）
☐	《Make》國際中文版一年＋ Ozone 控制板，第 _____ 期開始訂閱	NT＄1,600 元 （原價 NT$2,250 元）

※ 若是訂購 vol.12 前（含）之期數，一年期為 4 本；若自 vol.13 開始訂購，則一年期為 6 本。
（優惠訂閱方案於 2017／11／30 前有效）

訂戶姓名 ☐ 個人訂閱 ☐ 公司訂閱		☐ 先生 ☐ 小姐	生日	西元_____年 _____月_____日
手機			電話	（O） （H）
收件地址	☐ ☐ ☐			
電子郵件				
發票抬頭			統一編號	
發票地址	☐ 同收件地址　☐ 另列如右：			

請勾選付款方式：

☐ 信用卡資料（請務必詳實填寫）			信用卡別　☐ VISA　☐ MASTER　☐ JCB　☐ 聯合信用卡		
信用卡號	｜＿｜ ＿ ｜ ＿ ｜			發卡銀行	
有效日期	月　　年	持卡人簽名（須與信用卡上簽名一致）			
授權碼	（簽名處旁三碼數字）	消費金額		消費日期	

☐ 郵政劃撥 （請將交易憑證連同本訂購單傳真或寄回）	劃撥帳號	1 9 4 2 3 5 4 3
	收款戶名	泰 電 電 業 股 份 有 限 公 司

☐ ATM 轉帳 （請將交易憑證連同本訂購單傳真或寄回）	銀行代號	0 0 5
	帳號	0 0 5 - 0 0 1 - 1 1 9 - 2 3 2

黏　貼　區

請務必勾選訂閱方案，繳費完成後，將以下讀者訂閱資料及繳費收據一起傳真至（02）2314-3621或撕下寄回，始完成訂閱程序。✂請沿虛線剪下

請勾選	訂閱方案	訂閱金額
☐	自 vol._____ 起訂閱《Make》國際中文版 _____ 年（一年6期）※ vol.13（含）後適用	NT $1,140 元 （原價 NT$1,560 元）
☐	vol.1 至 vol.12 任選 4 本，_____	NT $1,140 元 （原價 NT$1,520 元）
☐	《Make》國際中文版單本第 _____ 期 ※ vol.1～Vol.12	NT $300 元 （原價 NT$380 元）
☐	《Make》國際中文版單本第 _____ 期 ※ vol.13（含）後適用	NT $200 元 （原價 NT$260 元）
☐	《Make》國際中文版一年期＋ Arduino Leonardo 控制板，第 _____ 期開始訂閱	NT $1,900 元 （原價 NT$2,359 元）
☐	《Make》國際中文版一年＋ Ozone 控制板，第 _____ 期開始訂閱	NT $1,600 元 （原價 NT$2,250 元）
☐	《Make》國際中文版一年＋ Raspberry Pi 2 控制板，第 _____ 期開始訂閱	NT $2,400 元 （原價 NT$3,240 元）
☐	《Make》國際中文版一年＋《自造世代》紀錄片 DVD，第 _____ 期開始訂閱	NT $1,680 元 （原價 NT$2,100 元）
☐	《Make》國際中文版一年＋《科學人》雜誌一年12期 《Make》國際中文版自第 _____ 期開始訂閱，《科學人》雜誌自第 _____ 期開始訂閱 （本優惠訂閱方案於 2015／9／30 前有效）	NT $2,590 元 （原價 NT$4,200 元）

※ 若是訂購 vol.12 前（含）之期數，一年期為 4 本；若自 vol.13 開始訂購，則一年期為 6 本。
（優惠訂閱方案於 2015／11／30 前有效）

訂戶姓名 ☐ 個人訂閱 ☐ 公司訂閱		☐ 先生 ☐ 小姐	生日	西元_____年 _____月_____日
手機			電話	（O） （H）
收件地址	☐ ☐ ☐			
電子郵件				
發票抬頭			統一編號	
發票地址	☐ 同收件地址　☐ 另列如右：			

請勾選付款方式：

☐ 信用卡資料（請務必詳實填寫）　　信用卡別 ☐ VISA ☐ MASTER ☐ JCB ☐ 聯合信用卡

信用卡號			－		－		－	發卡銀行	
有效日期	月	年	持卡人簽名（須與信用卡上簽名一致）						
授權碼	（簽名處旁三碼數字）	消費金額		消費日期	

☐ 郵政劃撥
（請將交易憑證連同本訂購單傳真或寄回）
劃撥帳號 1 9 4 2 3 5 4 3
收款戶名 泰 電 電 業 股 份 有 限 公 司

☐ ATM 轉帳
（請將交易憑證連同本訂購單傳真或寄回）
銀行代號 0 0 5
帳號 0 0 5 - 0 0 1 - 1 1 9 - 2 3 2

黏　貼　區